剪枝——庭院常见植物修剪

[英] 大卫·斯夸尔 (David Squire) 著

欧静巧 译

中国水利水电出版社
www.waterpub.com.cn
·北京·

内 容 提 要

本书在介绍植物剪枝入门知识的基础上，讲解了包含灌木、乔木、藤蔓植物在内的上百种植物，以及绿篱、花篱、针叶树、植物拱门和隧道、林木造型、各类月季与常见果树的修剪方法。

本书以丰富的图片和详细的说明，向读者提供了对园林植物从幼苗期到成熟期整个生长阶段的修剪建议。还为翻新无从下手的荒芜庭院提供了令植物起死回生、让庭院焕发生机的详细建议。此外，本书还有一个有趣的部分，即在庭院中引入林木造型艺术的操作指南，毕竟鲜有园艺师能够拒绝拥有动物林木造型。

本书适合园艺师及对各类植物有剪枝需求的读者阅读与学习。

北京市版权局著作权合同登记号：图字 01-2020-3009 号

"Original English Language Edition Copyright © **Home Gardener's Pruning**
Fox Chapel Publishing Inc. All rights reserved.
Translation into SIMPLIFIED CHINESE Copyright © [2021] by CHINA WATER & POWER
PRESS, All rights reserved. Published under license."

图书在版编目（ＣＩＰ）数据

剪枝 ：庭院常见植物修剪 ／（英）大卫·斯夸尔著 ；
欧静巧译. -- 北京 ：中国水利水电出版社，2021.11
　（庭要素）
　书名原文：Home Gardener's Pruning
　ISBN 978-7-5226-0082-6

Ⅰ. ①剪… Ⅱ. ①大… ②欧… Ⅲ. ①园林植物—修
剪 Ⅳ. ①S680.5

中国版本图书馆CIP数据核字(2021)第209439号

策划编辑：庄　晨　　　责任编辑：白　璐　　　封面设计：梁　燕

书　名	庭要素 剪枝——庭院常见植物修剪 JIANZHI——TINGYUAN CHANGJIAN ZHIWU XIUJIAN
作　者	［英］大卫·斯夸尔（David Squire） 著　欧静巧 译
出版发行	中国水利水电出版社 （北京市海淀区玉渊潭南路 1 号 D 座 100038） 网址：www.waterpub.com.cn E-mail：mchannel@263.net（万水） 　　　　sales@waterpub.com.cn 电话：(010) 68367658（营销中心）、82562819（万水）
经　售	全国各地新华书店和相关出版物销售网点
排　版	北京万水电子信息有限公司
印　刷	雅迪云印（天津）科技有限公司
规　格	210mm×285mm　16 开本　5 印张　155 千字
版　次	2021 年 11 月第 1 版　2021 年 11 月第 1 次印刷
定　价	59.90 元

前　言

　　园艺师是环境的塑造者，他们很少会放任植物（灌木、乔木、藤蔓植物、绿篱）在自然的季节性变化中肆意生长。他们也是拥有极佳栽培方式的锻造师，比如提高植物的结果质量，或使植物能够在空间受限的条件下或寒冷的环境中种植。单干形苹果树和梨树、棚式果树能够在相对狭窄的小道旁种植；在凉爽地区，与在露天庭院中间作为灌丛栽植相比，修剪成扇形的桃树和油桃树更能被成功地栽植。

　　在温带气候下，寒冷的冬季限制了植物的季节性生长，也表明了这是拿出剪枝工具对其进行修剪的最佳时机。一些植物可以在它们的休眠期进行修剪，另一些则需要等到它们的树液开始流动的春初时才能进行妥善的修剪；而一些植物在夏季被大幅修剪之后会出现伤流的情况。

　　在这本插图丰富且内容实用的书籍中，有对庭院植物从幼苗期到成熟期的修剪建议，本书还提供了令长势不佳甚至久未打理的植物（灌木、藤蔓植物、果树、灌丛）起死回生的详细建议，让乱糟糟的荒芜花园也可重焕生机。此外，本书还有一个有趣的部分，即在庭院中引入林木造型艺术的操作指南，毕竟鲜有园艺师能够拒绝拥有动物林木造型。

大卫·斯夸尔

季节

　　在本书中，给出了剪枝的最佳时间的建议。由于全球甚至区域性的气候和温度差异，本书采用四个季节为顺序，每个季节又分为"初期""中期"和"末期"，例如春初，春季中期和春末。如认为可行，则可将这12个时期应用于你所在地区历法的月份中。在一些纬度较高的地区，春季的到来时间可能比纬度较低的地区晚几周。

关于作者

　　大卫·斯夸尔在与植物打交道方面，包括栽培类型和原种类型有着极其丰富的经验。他在园艺和新闻行业职业生涯中撰写了80多本关于植物和园艺的书，其中包括14本"专业指南"丛书。此外，他还对本地原生植物的用途有着广泛的兴趣，无论是在食用方面，还是在医药、民间故事、风俗中的历史作用等方面。

目　录

何为剪枝

客观上，剪枝的准确定义为剪除木本植物以达到修剪和整形，保持其健康的目的。而且对于许多植物而言，剪枝可以实现生长与开花之间的平衡；剪枝还可以改善果、花、叶和枝茎的质量。在绝大多数情况下，它仅用于限制植物的生长，例如在空间受限的区域进行树冠修剪。

剪枝是必不可少的吗？

保持植株健康

每年剪枝的植株（无论是彻底修剪还是稍微修剪）必然比未经剪枝的植株更健康。病虫害会对植株造成严重破坏，建议定期剪除受感染的部分。如果任其发展，感染的面积将蔓延并可能导致整根树枝坏死。枯枝使观赏灌木、乔木和藤蔓植物看起来并不美观。

剪除受火疫病感染的枝条。

平衡生长与开花

对于许多观花灌木来说，剪枝有助于建立生长与开花之间的平衡。在植株生长初期，剪枝是为了修剪枝叶、促进新芽生长和形成枝干；在后期，要确保植株的生长不影响开花。这是一个微妙的平衡，因为过度的修剪会妨碍或延迟花的生长，所以保持这种平衡是至关重要的。

改善质量

定期修剪有助于提高花、果、叶、茎的质量。疏于修剪的夏末观花灌木大叶醉鱼草随着每年老枝数量的增加，其花朵大小和质量都会降低，而茎、灌丛和果实也会枯萎。装饰灌木（如大花四照花）在冬季依然枝繁叶茂，疏于修剪也不会产生不好的展示效果；而其他灌木（如"金羽"欧洲接骨木和"黄叶"西洋接骨木）则每年需要重度修剪才能创造富有生机的迷人枝叶。

秋季，"黄叶"啤酒花凋谢后需剪除其所有枝茎。

在夏季，此类造型的"矮灌"锦熟黄杨需要定期修剪、使其保持整齐的外观。

杜鹃花在春季和夏初创造出十分华丽的景观，它们几乎不需要定期修剪，只需偶尔在花期结束后剪掉过密的枝条。

剪枝

哪些植物需要剪枝?

修剪作为一个园艺词语，常常被笼罩在神秘之中；而在实践中，这是一个很容易理解并运用于植物的逻辑过程。它主要在观赏乔木、观花灌木、藤蔓植物、果树和灌丛等木本植物中进行，蔷薇是其他常见的植物。同时还有绿篱，这些绿篱在成长期及其之后的一生中都需要进行修剪。

从修剪中受益的植物

观花灌木
从连翘到锦带花等观花灌木，一般需要每年修剪一次，以促进花的正常生长。

观赏乔木
观赏乔木的修剪量总比观花灌木的要少，但在其幼树期形成一个强壮的枝条框架是必不可少的。

蔷薇属（月季）
所有的蔷薇属植物每年都需要进行修剪，无论它们是灌丛月季（杂种茶香月季和丰花月季），藤蔓月季，蔓性月季还是树状月季。

绿篱
从长满迷人枝叶到开满花朵的绿篱都需要定期修剪。

果树
苹果、李子、桃子等乔木果树，在萌芽期都需要精心修剪，以形成强壮、疏密有致的枝条框架。

灌丛浆果
从黑加仑到树莓等灌丛浆果都需要每年进行修剪，以促进果实的正常生长。

这个美丽的庭院包括许多类型的植物，如乔木、藤蔓植物和灌木，这些植物都需要修剪，以促进它们良好的生长趋势和保持美观形态。

植物为什么要修剪?

如果木本植物（灌木、藤蔓植物、果树、灌丛）疏于打理，它们就会变得有碍观瞻，也不会有好的长势。此外，它们的寿命还会缩短，并成为病虫害的滋生地。

对大多数植物来说，修剪是必不可少的，尽管有些植物，如常绿花叶青木（洒金珊瑚），每年无需定期修剪也能创造出壮观的景象。然而，如果山梅花属灌木（山梅花）没有每年进行修剪，其不开花的老茎就会很快纠缠在一起。

一些灌木，如"金羽"欧洲接骨木和"黄叶"西洋接骨木等，人们一般因其迷人的枝叶而种植，而其迷人的外观是在冬末春初将其所有茎干剪至地面才产生的。如果没有这种严格的修剪处理，这些灌木就不会产生那么大的吸引力。一些漆树属植物，包括"深裂叶"火炬花，也可以用同样的方式处理。

不断变化的气候

随着全球气候变暖，决定许多植物修剪时间的冬季季节性因素也发生了诸多变化。传统上，在夏末秋初开花的灌木要到冬末春初才能进行修剪。这是因为，如果在花期结束后立即修剪的话，那么随后长出的嫩芽就会被冻坏。即使是现在，在一些地区，大叶醉鱼草也可以在秋季修剪，而不是按照传统在春季修剪。虽然这种灌木的一些嫩枝会受早期霜冻影响，但很快就会长出新芽取代旧芽。

我们无法断定几十年后的天气将变成什么样子，但园艺师至少要灵活对待传统上在春季修剪的晚开花灌木。

掌握正确的时机

在植物的年生长周期内，寒冷时期的影响主要体现在修剪时间上。例如，苹果、梨等木本框架植物在冬季休眠期进行修剪。彼时，它们处于休眠状态，没有叶子和果实，可以清晰地看到树的结构。

观花灌木具有不同的性质，修剪时间是由其花期及年生长周期内的寒冷时期共同决定的。例如，像连翘这样一年中开花较早的灌木，可以在其花期结束后立即修剪。这样，在严冬来临之前，有足够的时间让新芽发育成熟。而那些在夏末开花的灌木则可等到春季再修剪，如果在花期结束后修剪，它们的新芽将会因冬季的寒冷而受损。例如，短筒倒挂金钟的花期为夏季中期至秋季中期，若在春季修剪，其幼芽不会因寒冷而受损。

落叶木兰因其切口难以愈合而不进行修剪。

这个美丽的布景包括了观花灌木、观叶灌木、藤蔓月季及其他藤蔓植物，需要定期修剪以确保每年都能创造出这壮丽的景观。

修剪中需避免的问题

多浆树木，如七叶树属（马栗）、桦木属（桦树）、针叶树和槭树属（槭树）之类的树木如果在夏季树液流动性强时修剪，可能会造成汁液流淌不止。因此，这些树木的最佳修剪时间是在秋末冬初。

大多数观赏树和果树要在休眠期进行修剪。但是，油桃、桃子、樱桃和李子在休眠期进行修剪时，特别容易感染细菌性溃疡病和银叶病。因此，要等到春天它们的汁液开始活动时再进行修剪。

蔷薇属修剪的风格变化

多年以来，灌丛月季（杂种茶香月季和丰花月季）的修剪都需要用到修枝剪。对许多园艺师来说，培育出最佳质量及产量的花簇是栽植月季的一个重要环节。然而，修剪灌丛月季需要使用电动绿篱修剪机来砍掉所有的茎，无论它们的位置如何，都要进行修剪。实践证明，通过这种方式能够取得较好的效果，但对于大多数园艺师来说，传统的个性化修剪方式会给他们带来更大的满足感和参与感。

修剪中的"做"与"不做"

做：

✓ 确保所有的修剪设备都是锋利的，能够在所需修剪处进行干脆利落的切割。

✓ 保持修剪设备的整洁。使用后，清洗并擦干表面，用一层薄油擦拭刀片。

✓ 捡拾并扔掉所有修剪后的残枝，特别是那些有疾病或虫害迹象的枝叶。

✓ 修剪月季和其他有刺或尖锐茎部的植物时，请戴上结实的手套。

✓ 站在地上修剪，因为站在箱子或椅子上修剪很容易摔下来。

不做：

✗ 除非是熟手，否则请勿使用修枝刀。对新手而言，修枝刀很容易造成事故。

✗ 请勿使用小型修枝剪修剪粗枝，这样很容易使小型修枝剪弯曲变形。

✗ 除非电路中安装了断电保护装置，否则请勿使用电动绿篱修剪机或油锯。安装断电保护装器后若不慎剪断电线，该装置会立即切断电源。

✗ 谨慎使用锯、修枝剪及电动切割机，它们不仅能切断树枝还有可能切断手指。

植物群组及其养护

许多园林植物从剪枝中受益，包括灌木、藤蔓植物、苹果树和树莓。下文介绍了它们的大致修剪概念及养护原则。一些观果植物（果树或葡萄藤）在它们的一生中有两个不同的修剪阶段：第一阶段为生长期，即树枝结构发展阶段；第二阶段为完全成熟期及结果期。

大型乔木

如果你拥有了一座新花园，而这座花园还附赠一棵多年没打理过的大型乔木，可能是橡树、白蜡树或山毛榉。这些大树根深叶茂，若没有进行定期的护理，可能会存在各种风险。大雪和强风会使树枝折断，如果不及时处理，可能会对你或你的邻居造成危险。我们可以分阶段砍掉一些大的枝干（详阅第 11 页），但对于非常大的树，请专业的园艺师来做比自己动手更安全。

轻敲积雪

冬季，在常绿灌木结冰前，用竹竿轻轻敲打茎部，使积雪脱落，可减少积雪落在灌木上对其造成的伤害。注意不要损伤叶子。

竹子养护

大雪会摧毁竹子，将竹子压倒至地面，折断或使其变形。如果置之不理，竹子被压弯的部分将无法恢复，唯一的解决办法就是把它们砍至地面高度。然而，如果能在叶子结冰前迅速清除积雪，那么竹子很有可能在几周内恢复。

顺带一提，处理这些竹竿时要戴上结实的手套，因为竹竿裂开时，它们的边缘锋利如剃刀，很容易划伤手。

观花灌木

锦带花属

灌木比乔木的观花类型植物更多，许多观花灌木结构紧凑，适合小花园。一些观花灌木，比如冬青叶十大功劳在冬季开花；而另一些，比如星花木兰则在春季开花。此外，木槿和"大花"圆锥绣球则在夏末展示其华丽的外观。

有些灌木通过叶子来展现它们的色彩斑斓；而另一些灌木是通过浆果来展现的，比如老鸦糊、火棘和尖叶白珠。

灌木通常比乔木更需要修剪。对于观花灌木，可以根据花期来进行修剪（关于修剪建议，详阅第 16 ~ 17 页）。

观赏乔木

关山樱

观赏乔木种类繁多，有在春季开花的樱树和夏季开花的毒豆等观花乔木；有黄叶的"丽光"美国皂荚等色彩艳丽的观叶乔木；还有一些带有彩色树皮的乔木，例如血皮槭（纸皮槭）、宾州槭（蛇皮槭）和美洲桦（纸桦）等，这些树皮颜色鲜艳，一年四季都引人注目。此外，有些乔木的浆果也会为单调无趣的冬季带来令人愉悦的色彩。

这些乔木一般不太需要定期修剪，除非确保树枝不会因强风和大雪而遭到破坏，否则一定要在强风和大雪来临之前尽快修剪养护。

藤蔓植物

"内利•莫舍" 铁线莲/ "繁星" 铁线莲

藤蔓植物在园艺中尤其受欢迎，因为它们不仅通过花和叶子创造了趣味，而且还保证了隐蔽性和私密性。一些藤蔓植物天生具有藤蔓倾向，而另一些，如迎春花（重瓣迎春），则是大自然的依赖者。当然，常青藤会毫不犹豫地紧紧附着在墙上，向高处攀登。

剪枝园艺中常见的藤蔓植物，详阅第 20 ~ 41 页。

不要认为藤蔓植物只能沿着院子边界和房屋墙壁攀爬，通过建造一个大约 2.1 米高的独立的棚架，并将其放置在距离边界围栏 75 ~ 90 厘米处，还能创造出更大的隐私空间。

果树

苹果

花园里可以种植的果树种类很广泛，从苹果、梨到浆果，如树莓；葡萄是另一种选择。尽管这些水果（灌木、乔木、藤蔓和藤蔓植物）的生长方式各不相同，但它们都需要进行定期的特殊修剪。

在很多地区，幼果在萌芽期容易遭到鸟类的破坏，造成无法弥补的损害。因此，在这种情况下，最好选择矮株品种，在 2.4 ~ 3 米高的金属网棚中种植。虽然造价昂贵，但这是长期解决鸟类问题的最佳方法。如果不重视这个问题，鸟类将会很快破坏果树的生长与开花。

绿篱

卵叶女贞

许多灌木都可以用来做绿篱，包括无处不在且实用的全绿或黄叶卵叶女贞（水蜡树）等观叶类型和观花类型灌木。一些绿篱具有乡村自然的随意感，通常和路边的植物混合而成；而另一些则更为正式，通常由挺拔的针叶树和欧洲红豆杉（紫杉）组成。对于所有的绿篱，帮助它们形成铺满枝叶的主干是极为重要的（详阅第 42 ~ 45 页）。

除了创造空间隐蔽性外，绿篱在多风和地表裸露的地区也特别实用，它们有助于降低强风、狂风对于环境的破坏性。

蔷薇属

杂种茶香月季

定期剪枝有利于灌木月季、藤蔓月季和蔓性月季保持健康并开出艳丽的花朵。杂种茶香月季、丰花月季、蔓性月季、藤蔓月季、树状月季和月季花柱的剪枝方法详阅第 52 ~ 62 页，这些月季都有其独特的修剪方式。

许多园艺师栽植灌丛月季主要是为了更好地装饰花园，但也常常会剪下几朵花来装扮房间。为了避免这样的修剪对灌丛月季造成长期的伤害，当想要剪掉一些花朵供室内展示时，切勿剪掉超过三分之一的花茎，且要在正好朝外的花蕾上方剪枝。

疏枝

大花四照花

疏剪是指将灌木全部剪除，促进其根部长出新芽。每年可对几种灌木进行疏剪，以培育其丰富多姿的枝条（详阅第 17 页）。疏剪也是一种增加植株的方法，简单又廉价。例如，在嫁接苹果和梨子时，可以使用疏枝时所剪下的嫩枝。此外，还可以在冬末将大花四照花等灌木修剪离至地面 7.5 厘米以内，当新枝高约 20 厘米时，在其上面堆土。几天之后，清除土壤并将新植株从母株上剪下，将剪下的新植株移植到苗圃或花畦中。

以展览为目的的剪枝

一些灌木可以培育出特别大的花冠，特别是那些夏末开花且比同花期灌木更早开花的品种。例如，"大花"圆锥绣球的枝条通常会缩剪一半，但如果缩剪得更多（三分之二），就会形成更大的花冠。但如果以这种方式修剪，重复数年后，灌木的寿命就会缩短。

改造荒芜的庭院

我的庭院能翻新吗?

通常来说，杂草丛生的庭院是可以翻新的，但这取决于植物的类型及荒芜的时间。例如，最好将很久之前种植的黑加仑灌木挖出并丢弃。如果花园只是荒芜了几年则可以进行翻新。可以将已经错过翻新期的苹果树和梨树的枝条砍掉，重新嫁接树冠，但这是一种根治性的护理方式，果树需要好几年才会再次结果。

水果品种的检查

当你接管了一个满是老果树的庭院后，如果可以的话，在铲除植物之前确认一下它们的品种名称，它们之中可能会有以其美味而闻名的古老品种。现在许多商业化种植的苹果都是根据其产量、运输和成熟的价值而不是其味道来选择的，如果一个好的品种被砍掉，那将是巨大的损失。

如果这棵树值得保留，则可在冬季对其进行剪枝养护。

一个荒芜的庭院可能一开始看起来还不错，但植物之间可能会相互覆盖，无法透气。

本书提供了灌木、乔木、藤蔓植物和绿篱等特定植物的再次修剪养护建议。

果树预警!

在拔除一棵苹果树或梨树之前，检查一下它是不是其他树的主要花粉来源。

除了枝干和拥挤的枝条外，你可能还要对付一棵布满病虫害的树，请做好定期喷洒农药的准备。

请勿打扰!

如果要砍掉一棵已经错过翻新期的树，首先请确认有无鸟类在树上筑巢，因为在许多国家，破坏有鸟蛋或幼鸟的鸟巢是违法的。

观赏乔木

剪枝前　　　　　剪枝后

观赏乔木几乎不需要定期修剪，即便荒芜几年后也依然容易进行修剪翻新。通常，树干和较低的树枝上会长出细枝（称为徒长枝），在疏于照料的紫丁香上尤为明显，可用修枝锯切除。另一些疏于打理的树也会长出大量纤细的、有点像树枝的茎，例如有着深紫色叶子的紫叶樱桃李。同样，使用修枝锯将其切至靠近树干或树枝处。同时注意美观，不要留下碍眼的残枝。

当需要移除大枝时，可以将其分为若干小段进行切割（详阅第 11 页）。

果树

剪枝前　　　　　剪枝后

疏于打理的苹果树和梨树有大量交叉的细枝和小果，同时，这棵树可能布满了病虫害。这时要砍掉恶化的树枝，然后再判断剩余部分是否值得保留，记住树木的再次修剪养护需要耗费几年的时间。

如果这棵树值得保留下来，那么要在其第一个休眠期内砍掉所有枯枝、病枝及树干周围拥挤的细枝幼芽。在接下来的一年里，砍掉多余的老枝。第二个休眠期开始修剪细枝幼芽。

同时记住要在树根处施肥。

浆果灌木

浆果灌木的寿命比果树短，因此更容易决定是否将它们移除。如果一棵浆果灌木无法在两年内翻新修剪培植且不结果，最好把它挖出来，重新种植一棵新的健康的浆果灌木。黑加仑可以完全修剪至地面，一年左右便会结果。

红醋栗和白醋栗的植株普遍低矮，15 ~ 20 厘米，它们的翻新修剪培植时间稍长一些。第一年，剪去枯枝、交叉枝条和老枝；第二年，尝试培育出能结出硕果的短枝组织。

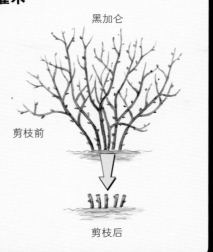

黑加仑

剪枝前

剪枝后

果藤

剪枝前

剪枝后

冬末，果藤的根茎缠结在一起，这时可把这些老茎修剪至地面。二年生的果藤，如夏季结果的树莓和杂交浆果将在 18 个月后在二年生的果藤上结果；而秋季结果的树莓将在同年的夏末在一年生的果藤上结果。

所有翻新修剪养护的果藤都需要在春季施肥且定期浇水。

灌丛月季

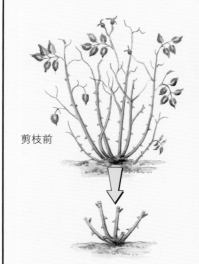

剪枝前

剪枝后

如果疏于打理，杂种茶香月季和丰花月季就会长满拥挤的徒长枝且与老枝交相缠绕。最好的办法是顺着茎，从根部拔除这些徒长枝，但注意不能剪断它们。使灌丛月季恢复生机，基本来说就是促进植株基部幼芽的生长发育。如果是严重疏于打理的此类月季，要在春季将其一半又老又粗的根茎修剪至基部，在接下来的一年，逐渐把剩余的老茎也剪掉。在这两年里，要从植株的周围均匀地进行修剪，而不能只从一边修剪。

大枝的剪除

剪除大枝重要的是将大的枝干分割成小块，而不是一下全切除。如果切掉整根树枝，当分枝部分切掉、脱落、树皮撕裂时，就会有损坏主树干的风险。要分阶段将树枝剪断，直到距离树干约 45 厘米。修剪时一定要留下枝颈，枝颈是指分枝根部周围轻微肿胀的部分，剪掉与主树干齐平的树枝会去掉大部分的枝颈，而枝颈是用来覆盖剪枝切口的。

1 用锋利的锯从树枝的底部开始锯切，切至二分之一或三分之二处。

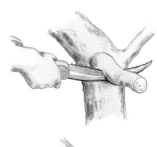

2 抓住树枝，从顶部切除树枝的剩余部分。

所需设备

我需要多少设备？

对于如何干脆利落地修剪灌木、月季、乔木的细茎、浆果灌木和藤条，锋利、好用的修枝剪是必不可少的。然而，对于树枝和粗茎的修剪，锯也是必要的。长柄修枝剪，也被称为高枝剪，是修剪粗茎的理想工具，尤其是修剪位于浓密多刺的灌木中央的茎。绿篱的修剪需要锋利的修枝剪，如果绿篱面积很大，则需要绿篱修剪机。注意：使用电动工具时要格外小心。

油锯与安全

当需要砍掉大枝或砍倒一棵树时，油锯是极为有用的，但使用时要格外小心。
- 保证儿童与宠物远离作业场地。
- 请勿在潮湿天气使用电锯。
- 使用电动工具时，必须安装断电保护装置，若不慎剪断电线，该装置会立即切断电源以保证安全。
- 使用护目镜、结实的手套和外套。
- 请勿佩戴围巾或领带。
- 找一名助手帮忙。
- 请勿站在箱子、椅子或梯子上。
- 请勿在超过腰部的高度使用油锯。

工具与设备

常用修枝剪

常用修枝剪一般有两种类型。搭桥式（也称为鹦嘴式或交错式）有类似剪刀的动作，当一个刀片与另一个刀片交错时就能完成切割动作。铁砧式有一个锋利的刀片，当此刀片接触到另一个被称为铁砧的坚固金属表面时，完成切割动作。这两种类型的修枝剪都能很好地进行修剪，但尽量不要用来修剪粗壮的枝条。

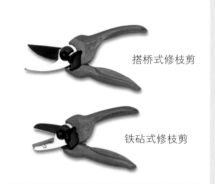

搭桥式修枝剪

铁砧式修枝剪

长柄修枝剪——用于修剪不易触及的枝条

长柄修枝剪也被称为高枝剪，分为搭桥式和铁砧式两种，它们有着相同的修剪功能。此类修枝剪的手柄长度普遍为 38 ~ 45 厘米，可切割直径为 3.5 厘米的枝条。重型高枝剪的手柄长度为 75 厘米，可切割直径为 5 厘米的枝条。此外，有些修枝剪具有复合修剪功能，可轻松地修剪粗枝。

长柄搭桥式修枝剪

长柄铁砧式修枝剪

哪只手握柄？左手还是右手？

大多数修枝剪是为右撇子园艺师而准备的，但也有左手握柄型的。左手握柄型的修枝剪让左撇子的修枝工作变得更加轻松愉快。这些修枝剪可以让人更容易看到刀片的切割位置，因此可以减少损伤幼芽的风险。

绿篱修剪机

绿篱修剪机是修剪绿篱和装饰性草坪的理想工具。使用时请确保它们易于打开和关闭、切口干净，且不要随意晃动手。在绿篱规模大的地方，电动绿篱修剪机使修剪工作变得轻松。大多数电动修剪机是由电力驱动的；有些是由汽油发电机驱动的（远离电源处的理想选择）；而另一些则是无线的，每次充电后可修剪约 83 平方米的绿篱。

绿篱修剪机的刀片长度约 33 ~ 75 厘米。有一些是单刃切片，另一些则是双刃切片。

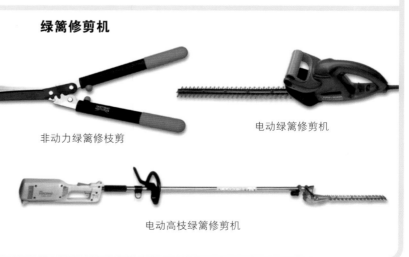

非动力绿篱修枝剪

电动绿篱修剪机

电动高枝绿篱修剪机

工具与设备（续）

各种各样的锯——用于切割不同尺寸的枝干

折叠锯折叠时的长度通常为 18 厘米，不折叠时可延伸到 40 厘米。折叠锯能在推和拉的过程中切断 3.5 厘米厚的枝干。有固定手柄的直锯能锯断 13 厘米粗的枝干，而一些直锯有弯曲尖锐的锯齿，在拉动时就能把枝干锯断。直锯非常适合用来切割处于棘手位置的树枝。弓锯长 60 ~ 90 厘米，锯片通过杠杆保持拉紧状态，它们最适合用来切割粗枝。

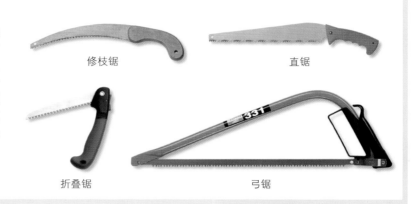

修枝锯　　　　直锯

折叠锯　　　　弓锯

修枝刀
仅供有经验的园艺师使用

刀具用于修剪植物已有数十年的历史了，但只适合具有丰富经验的园艺师。这些刀具非常锋利，新手使用可能会发生危险，所以在使用这些修枝刀时必须十分小心。

修枝刀

高枝剪——安全第一的修剪

高枝剪也被称为树枝剪，修剪者只需安全地站在地上便可使用这种工具去修剪高处的树枝。它们能在高达 3 米的高度上切下 2.5 厘米粗的枝条。高枝剪是修剪高大健壮果树的最佳选择。

高枝剪

手套和护膝——月季剪枝好搭档

结实有弹性的手套可以防止双手被荆棘划伤，而跪垫则使修剪者能更好地够到灌丛月季。护膝也很有用，因为护膝侧面的支撑可以帮助体弱的园艺师轻松自如地活动，而不会造成背部拉伤。

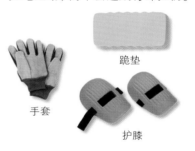

跪垫

手套

护膝

购买优质工具

购买劣质的园艺工具是错误的经济投资，因为其损坏速度快且存在安全隐患，特别是那些电动机器。此外，锋利的工具也可能很快变钝。因此，一定要从正规商店购买有信誉的产品。

租赁工具

许多园艺工具都可以租用，但通常租的是那些偶尔使用的工具，如油锯。在租用油锯之前，要确认其状态是否良好，锯片是否锋利，以及所需的油或其他工具是否齐全。

工具的日常维护

修剪工具必须保持锋利和良好的状态才能正常使用和操作。

- 使用后清洗和擦拭工具，在光洁的表面涂上稀油，特别是需要存放数月的工具。
- 油锯上的锯片在使用过程中需要经常检查，但检查前先要拔下电源线。
- 在每个季节结束时检查电源线，并更换已损坏的电源线。
- 将工具存放在通风、防水的地方。如果存放处有点潮湿，那么要先用干布包好小工具，放入塑料袋中。

掌握手感

在购买园艺工具之前，一定要亲自试用，确保它适合自己。修剪工具（特别是修枝剪）应该易于握持和操作。如果修剪工具太大，则很难在手柄上使力；如果太小，在手柄关合时很容易夹到手指。

检查高枝剪，确保在刀片切割和闭合时，长柄不会夹到手。

在测试绿篱修剪机时，检查机器在切割时震感是否强烈。有些机器安装了橡胶防震装置，以防止这种情况发生。另外，检查它们是否沿着整个刀刃进行切割。

栽植前的准备

什么是栽植前的修剪?

栽植前的修剪包括根部和枝条的修剪。如果灌丛和树状裸根月季的根部过长或受损,那么在栽植之前就需要把根部剪短或者完全剪掉。此外,损坏或错位的树枝和嫩枝也需要剪掉,以形成一个平衡的树冠,因为某一侧树枝过多的树看起来很奇怪,且容易遭受强风和阵风的破坏。

栽植时,需检查盆栽植株的土球顶部是否与周围的土壤齐平。

根部修剪

根部的准备工作对裸根或盆栽植株来说是非常重要的。裸根植株的根部很容易看到并快速辨别过长或受损的部位。这时需要使用锋利的修枝剪将其修剪至约 30 厘米长。如果任其生长而不修剪的话,这些根会阻碍植株固定在种植坑内的土壤中,也无法使根部均匀地覆盖上碎土。而且,受损的根部无法自我修复,并导致其他健康根部恶化或死亡。

盆栽月季和果树的根部也需要注意。因为在出售前,树木在花盆中放置太久可能长了扭曲的根,而这些根无法令植株正确地固定在花盆中。

植株的栽培

植株的栽培不仅仅需要修剪根部和枝条。如果有兔子可能会破坏植株,就要做一些防御措施来防止侵害。

- 如果植株是在初冬种植的,那么到了春季,要用鞋跟或靴子踩实土壤。因为霜冻会使土壤拱起,而强风会使不够稳固的植株晃动,导致其根部松动。
- 在重新夯实(已被固定在固定桩上的)树木周围的土壤之前,先松开绑枝带。这是因为在夯实土壤的过程中,树的主干会稍微向下压,如果没有松开绑枝带,主干就会被勒死。夯实土壤后,重新固定并拉紧绑枝带。

灌丛月季的栽植准备

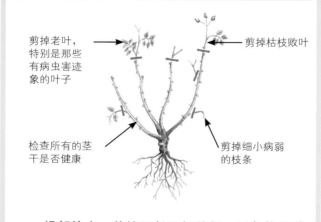

剪掉老叶,特别是那些有病虫害迹象的叶子

剪掉枯枝败叶

检查所有的茎干是否健康

剪掉细小病弱的枝条

根部检查:剪掉又长又细的根,以免妨碍种植;剪掉将植株从土壤中挖出时可能已被损坏的根;剪除被病虫害破坏的根。

枝叶检查:剪掉营养不良的枯枝败叶。

果树的栽植准备

根部检查:切除细长、脆弱及染病的根;切除向下生长的粗根,在根底切出倾斜的切口。

枝叶检查:用锋利的修枝剪剪掉受损的枝条;确保树干固定在固定桩上,这样风就不会对其造成损伤。

检查树干是否健康、笔直,嫁接树的接合处是否完好

切除粗壮的和向下生长的根

正确的修剪方式

　　正确的剪枝方式是在芽上方进行修剪，而不是下方。在不损伤芽的情况下，剪掉其上方的枝叶，可以促使它长成强壮、健康的枝条。如果修剪部位在芽的下方，就会给底部的芽上方留下一段长茎，这可能会导致茎枯萎并感染整棵植株。此外，灌木和乔木上长串的枯枝也不美观，妨碍人们欣赏整棵植株的美。

应该在芽的上方还是下方进行修剪?

锋利的修枝剪

　　如果使用钝的修枝剪，会令茎干撕裂，从而无法正确定位切口。造成这个问题的原因通常在于修枝剪被用来修剪那些对它们来说太粗的枝条。搭桥式（也称为鹦嘴式或交错式）修枝剪比铁砧式修枝剪更容易因切割过粗的枝条而受损。刀片往往会弯曲变形。然而，用铁砧式修枝剪修剪太粗的枝条也会对其自身造成损害。因此，如果锋利的搭桥式修枝剪用于修剪粗细正常的树枝，留下的小切口将很快愈合。剪刀状的小型修枝剪在室内修剪花朵时可以用来剪断草本茎干，但要避免在木本植物上使用，因为它们的刀刃会因木本植物过于粗硬而被拉紧，致使刀柄变形。

修剪芽的注意事项

　　修剪时，注意不要折断或损伤已修剪过的枝条上的芽，如果发生这种情况就必须剪掉此芽，缩剪至下一个芽的上方（如果它在正确的位置上）。

切记！

- 修剪植株之前，要彻底了解其性质，以便正确修剪。
- 修剪桃树和油桃树时，请注意以下三种幼芽——花芽、叶芽和混合芽（详细说明见第70～71页）。
- 修剪苹果树和梨树时，记住有些品种是短枝结果，而有些品种是枝梢结果（详阅第64～67页）。

月季（蔷薇）修剪

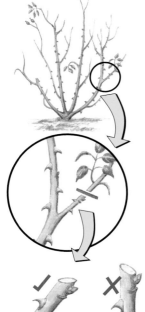

　　除非经验丰富，否则肯定会有几处剪错的地方，要么过高要么过低，使枝梢处于危险的平衡边缘状态。如果发生这种情况，应尽快解决。

　　以下是芽的切口位置以及使用钝化修枝剪的后果示例。下方左一图的切口位置是最佳的，斜面切口大约在芽上方6毫米处。

| 正确的位置：在芽上方6毫米处 | 错误的角度：破坏芽 | 过近：破坏芽 | 过高：容易枯萎 |

果树修剪

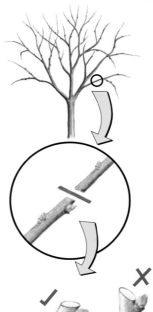

　　与月季一样，完美的切口应略微倾斜，且在芽上方。果树上的枝条通常比月季的枝条更加密集和坚硬，因此锋利的修枝剪是必不可少的。

　　以下是芽的切口位置以及使用钝化修枝剪的后果示例。下方左一图的切口位置是最佳的。

| 正确位置与角度 | 错误的角度：破坏芽 | 过近：破坏芽 | 过高：容易枯萎 |

灌木的剪枝

灌木需要定期修剪吗?

对于许多观花灌木,每年的修剪对促进花的正常生长是至关重要的。有些灌木只需要偶尔剪掉枯枝、老枝和交叉枝;但对另一些灌木来说,去除花茎可以促进花枝的进一步生长;少数灌木只需要剪除枯萎的花冠。如果疏于修剪,灌木开出迷人花朵的能力就会减弱。

灌木剪枝的常规思路

修剪灌木的目的是去除老枝、枯枝、交叉枝和枯花,以促进新枝的生长发育。

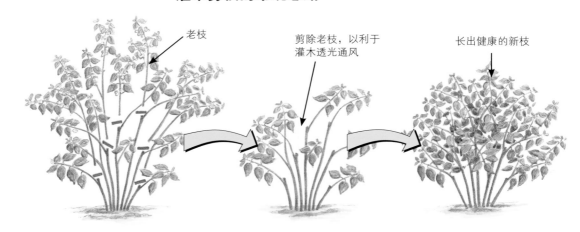

老枝

剪除老枝,以利于灌木透光通风

长出健康的新枝

常绿灌木的剪枝

常绿灌木常年覆盖树叶,新叶与旧叶不断交替。冬季不要修剪常绿灌木;春季中后期是最好的剪枝时机,因为正是其开始生长的时候。然而,如果植株正处于花期,则需要推迟剪枝时间,直到花期过后再修剪。修剪常绿灌木主要是为了使其保持优美的造型,防止它们挤占邻近树木的生长空间。

常见的常绿灌木有密叶小檗(达尔文小檗)、地中海荚蒾(月桂荚蒾)、冬青、哈氏榄叶菊、墨西哥橘、总序桂和大多数南鼠刺。

用于花艺的常绿灌木

花艺师经常会使用许多常绿灌木,尤其是在其他植物短缺的冬季。修剪枝叶时,一定要从植株背面剪下,且应选择不同角度。注意:用修枝剪将叶环以上的根茎剪除。

早开观花灌木

早开落叶观花灌木(花期为春季至夏季中期)需要在花期结束后立刻进行剪枝。夏季中期到秋初为灌木新枝的生长提供了充足的时间,使其在冬季成熟并具有耐寒性。在次年春季至夏季中期,这些灌木将在新茎上开花。

常见早开观花灌木有溲疏、山梅花、茶藨子属(血红茶藨子)、锦带花属和丁香属(紫丁香)。

此类观花灌木的剪枝细节详阅第 22 ~ 41 页。

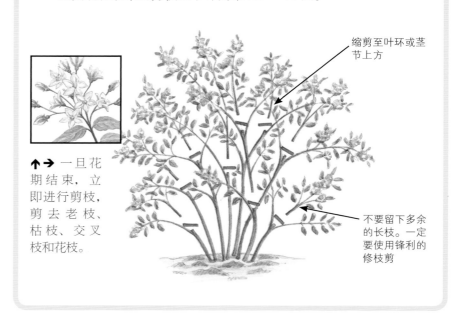

缩剪至叶环或茎节上方

↑→ 一旦花期结束,立即进行剪枝,剪去老枝、枯枝、交叉枝和花枝。

不要留下多余的长枝。一定要使用锋利的修枝剪

夏末观花灌木

夏末开花的落叶灌木可在次年春末进行修剪，这将促进同年晚开花的枝条的生长。如果这些灌木在夏末或秋初的花期结束后立即进行修剪，修剪后长出的新生枝芽可能会因无法抵御冬季的严寒而死亡。

常见的夏末观花落叶灌木有大叶醉鱼草（俗称酒药花或蝴蝶木）、"凡尔赛之光"美洲茶和多枝柽柳（柽柳属）。注意，不要把柽柳属和红花柽柳混为一谈，红花柽柳在春季开花，花期结束后应立即修剪。

此类观花灌木的剪枝细节详阅第22～41页。

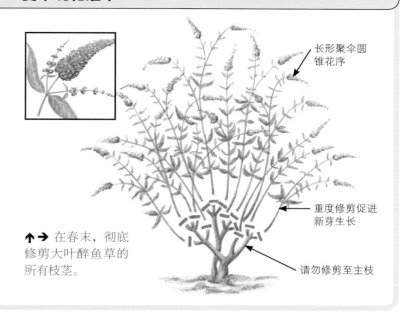

↑→ 在春末，彻底修剪大叶醉鱼草的所有枝茎。

长形聚伞圆锥花序

重度修剪促进新芽生长

请勿修剪至主枝

冬季观花灌木

冬季开花的落叶观花灌木几乎不需要修剪。花期早期，可对灌木进行造型修剪，打造出美观树形；花期后期（通常在早春之后），一旦花朵凋谢后，可剪除拥挤的枝条和因恶劣天气而染病或受损的枝干。如果不加以处理，它们会加速枯萎，感染并损害灌木的其他部分。保持灌木的中心敞开，以利于通风透光。

顺带一提，冬季观花灌木的大小比其他类型的灌木更容易控制。

常见冬季开花的落叶灌木有金缕梅、欧洲山茱萸和"博得南特"荚蒾。

此类观花灌木的剪枝细节详阅第22～41页。

山茱萸科植物的修剪

有几种山茱萸科植物因其彩色的枝茎而被种植，它们在冬季特别受欢迎，因为没有叶子，即使光线暗淡也可看到它们的枝茎。除非在春季对它们进行彻底的修剪，将其剪到离地面7.5厘米以内，否则它们不会每年都开花。拥有迷人彩茎的灌木有"雅致"红瑞木（红色枝干）、"西伯利亚"红瑞木（亮红色枝干）、"紫枝"红瑞木（紫黑色枝干）和主教红瑞木（明亮的黄绿色枝干，又被称为"黄枝"偃伏梾木）。

逆转现象（返祖现象）的处理

逆转现象指的是有些杂色植物的枝干会偶然恢复为全绿色。通常，这些全绿色的枝干比杂色的枝干看起来更具活力，两者看起来都与灌木的其余部分不同，并且都高于树叶的正常调试。一旦发现有逆转现象的枝干，要立即修剪。

逆转现象能经常在一些植物上看到，比如金边扶芳藤、银边扶芳藤和杂色的胡颓子（金心胡颓子）。

剪掉所有全绿的枝叶

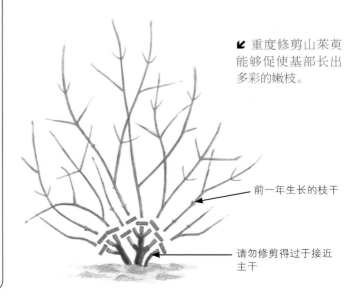

↙ 重度修剪山茱萸能够促使基部长出多彩的嫩枝。

前一年生长的枝干

请勿修剪得过于接近主干

乔木的剪枝

乔木需要定期修剪吗？

大多数乔木在种植、固定和初步定型后，几乎不需要修剪。那些立柱型和延伸型的乔木在一开始时就需要仔细地修剪和护理，以确保达到理想的造型。有些乔木可能会被修剪，这是对于在错误的地方种树的有益提醒。乔木通常最好种植在草坪上作为孤植树，或者种植在花园尽头作为吸引人们的主要焦点。

垂枝大叶早樱（八重红枝垂樱）与大而明亮的黄色喇叭形水仙花共同在春季创造了赏心悦目的绚丽景象。

保持良好的邻里关系

我们都需要建立良好的邻里关系，但令人惊讶的是，一棵枝繁叶茂的树很容易蔓延至邻居的庭院从而引起麻烦。邻居有权砍掉所有悬挂在他们庭院上方的树枝，但不能伤害到树木的根本；他们也有权砍断生长到他们土地上的树根，一些竹子的根可以在地下蔓延得很远，偶尔会冒出嫩芽，破坏庭院和泳池的墙壁。

高大的针叶树经常是人们投诉的对象，在小型庭院里，聪明的做法是不种植它们，尤其是莱兰柏。它可以在 15 年内长到 15 米甚至更高，且迅速成为花园的主宰。

如何选择观赏乔木

- 避免种植毒豆，因其鲜绿多汁的豆荚对人类和鱼类有毒。
- 有些树会滋生蚜虫并分泌黏稠的蜜露，如椴属植物（欧椴）。
- 不要在人行道两边种植果树，因为掉落的果实会被碾烂，导致路面变得湿滑。

关于剪枝的冷门小知识

我们通常认为，去除树枝和嫩芽是修剪乔木与灌木的唯一方法，但事实并非如此。

- 在矮化砧木被引入之前，根部修剪被广泛用于控制苹果树的生长。
- 树皮环割也可用来降低苹果树的生长活力。
- 在印度，人们普遍采用拍打芒果树的方法来促进结果，用竹竿猛击树木，打落树叶。
- 在一些国家，烟熏被认为是治疗果树不结果的良药，方法是在树底下燃烧木材或其他垃圾。
- 在印度和斯里兰卡，人们对茶树进行台刈（在雨季初期将植株砍到距地面 5 ～ 10 厘米），以促进新芽的生长，并清除害虫。

梯子使用安全小贴士

- 当你站在梯子上作业时，需要一个能稳稳扶住梯子的强壮助手
- 当树枝掉落时，不要让树枝勾倒梯子，不然有摔倒的风险
- 宽梯比窄梯的安全系数更高

常绿乔木的修剪

常绿乔木不需要修剪，只需在幼苗期修剪掉错位的枝干。修剪出一棵平衡良好、枝繁叶茂的乔木是非常重要的。针叶树的修剪通常没有什么问题，但要确保只有一个领导枝（具体建议详阅第 46 ～ 47 页）。

针叶树在幼年未成熟期，由于大面积的叶子和根系尚未牢固地扎根在土壤中，特别容易被大雪压垮和变形。这时要移除积雪，将针叶树扶正，并用倾斜的固定桩支撑树干，再在根部覆盖土壤并夯实。春季，重新夯实土壤，并对整个区域进行浇水。大约一年后，将固定桩移走。在暴风肆虐的地区，可能需要将固定桩多保留几年，因为常绿针叶树在冬季尤其容易受到威胁。

孤植树

孤植树通常在大庄园中种植，它们可能是具有粗壮树围的高大橡树或白蜡树。树枝层层叠叠、独特而庄严的雪松也可作为孤植树种植。然而，接管而来的孤植树也可能是矮小且生长缓慢的类型，例如桑树（普通桑椹或黑桑）。

如果你接管了一棵老树，就需要聘请专业的"树医"对树木进行定期照料。对树木进行定期的疏伐与修剪受损枝干是有必要的。有时，树枝的连接处会腐烂，需要清除并使用填充物；然而，还必须考虑如何能够排出水分。

如果要种植属于自己的孤植树，请确保种植面积足够大，以备之后有足够的生长空间。一些孤植树并不会因剪枝而遭受破坏，但雪松（香柏）和其他垂枝针叶树剪除枝干后将永远不能恢复昔日辉煌。

具有延伸特性的乔木

许多落叶乔木都具有迷人的、向外延展生长的特性。园艺师通常认为外观随意自在的樱树非常引人注目。对于这种具有延伸和自然垂枝性质的树木，当它们达到理想高度时，必须剪掉主要的枝条；第二年，剪掉向上生长并可能取代主干的嫩枝。

无论如何，这些乔木的枝干都会向外延展生长，较低的枝条可能要被剪除。切记不要在樱树处于休眠状态时修剪它们，而要等到春初树液流动时再修剪。其他大多数落叶乔木可以在休眠期修剪。

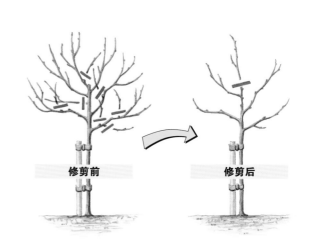

很少有树木能像具有延展和垂枝特性的乔木那样令人难忘，图示为促进乔木开枝散叶的方法。

修剪前　　　**修剪后**

单干形乔木

许多落叶乔木，例如桦树和杨树，具有直立的特性，其独立的主干能够持续向上生长。因此，注意修剪时不要损坏主干。

栽植后，用绑枝带牢牢地（但不宜太紧）将主干系在结实的固定桩上；在接下来的一年中，检查绑枝带是否牢固，并将植株基部的弱枝剪掉；第二年，再次固定主干。在随后的日子里，如果主干稳固，可拆除固定桩。

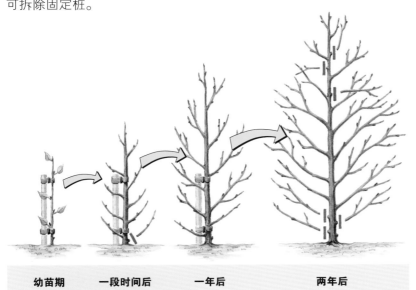

幼苗期　　　**一段时间后**　　　**一年后**　　　**两年后**

树冠修剪

在许多城镇都能看到树冠经过修剪的乔木，因为它们的树冠面积太大了。树冠修剪是指将主要分枝缩剪至树干顶端，截断从树干长出的丛生细枝和分枝。

由于该树冠的生长面积受到房屋或道路的限制，因此每隔 3～4 年必须进行一次修剪。

缩剪分枝　　　丛生的细枝

当不得不修剪一棵树的树冠时，说明它的树冠对它所在位置来说实在是太大了。

藤蔓植物的剪枝

藤蔓植物需要定期修剪吗?

一般来说,许多藤蔓植物都无需定期修剪。然而,墙面灌木,如迎春花(重瓣迎春),比常春藤需要更多的关注,因为常春藤可能会覆盖住它们。藤蔓植物生命力顽强,能在墙壁和棚架上长满花叶。如侵略性生长的巴尔德楚藤蓼(俄罗斯藤)更是充分说明了藤蔓植物的延展性应该与种植空间相匹配。

藤蔓植物的栽植与初步修剪

大多数藤蔓植物都是盆栽植株,在一年中的任何时候,只要天气允许,土壤没有冻结或积水,都可以种植。但是,春季是最佳种植时间,因为在寒冷冬季来临之前,藤蔓植物有一整个夏天的时间可以生根发芽。

栽种后,将根茎缩剪约三分之一至二分之一,以促进根茎在地面或接近地面的地方进一步生长,以及加强现有的根茎。选择3～5个最结实的根茎,并对其进行支撑或养护,以形成如棚架般的永久支撑框架。在生长季结束时,要缩剪一半的根茎。此外,还应大量修剪弱小及多余的根茎。

如果藤蔓植物生长得不茂盛,重复此修剪方式一年,直到形成一个结实的根茎框架。

> ### 成熟藤蔓植物的修剪
>
> 修剪成熟藤蔓植物与墙面灌木的修剪技术和时间详阅第 20 ~ 39 页。
> - 翻新修剪疏于打理的藤蔓植物时,要戴上结实的手套再去拔粗糙、边缘尖锐或带有刺的根茎。
> - 剪枝作业结束后,要及时清理残枝,而不是将它们留在植株周围。这样可防止火疫病或病虫害感染、侵害其他根茎。

地锦(爬山虎)是一种自给自足的藤蔓植物,其漂亮的叶子能迅速爬满墙壁。秋季,其叶子呈现出浓郁的秋色。

藤蔓植物的类型——以藤蔓习性划分

藤蔓植物各不相同的攀爬风格表明了它们需要不同的支撑类型。如果藤蔓植物得不到适当的支撑,它们将无法成功进行藤蔓,且很难被修剪(关于其修剪详阅第 22 ~ 41 页)。

攀靠类:需要能够使它们依靠和固定的框架进行攀爬。具有此类特点的植物有红萼苘麻、迎春花(重瓣迎春)、茄科星花茄(智利藤茄)和藤蔓月季。

吸附类:利用气生根和吸盘攀爬墙壁和树木。此类植物有厚萼凌霄(美国凌霄)、常春藤(常青藤)、花叶地锦(川鄂爬山虎)和五叶地锦(美国爬山虎)。

(茎叶)卷须类:需要依靠细枝状的寄主,这样它们就可以缠绕卷须或叶柄。此类植物有铁线莲、西番莲(百香果)、五裂叶旱金莲(加那利藤/黄花藤)、六裂叶旱金莲(火焰花)和紫葛葡萄(日本山葡萄)。

缠绕类:它们非常友好,通过缠绕"邻居"来获得支撑。在庭院里,它们经常靠缠绕电线杆或电线来攀爬生长。此类植物有中华猕猴桃(山洋桃)、狗枣猕猴桃(狗枣子)、巴尔德楚藤蓼(俄罗斯藤)、"黄叶"啤酒花(黄叶蛇麻草)、素芳花、忍冬(金银花)和紫藤。

迎春花的修剪

　　迎春花的花期为冬季初期到春季中期，它不是一种真正的藤蔓植物，而是一种墙面灌木。它的茎需要依靠在类似棚架的框架上才能攀爬生长。一旦成形，需要在花期结束后对其进行定期修剪。

　　为了促进花期的规律性，防止植株中心生长出杂乱拥挤的细幼芽细枝，必须每年对其进行修剪。

1 使用锋利的修枝剪剪除健康嫩芽之上的交叉枝。

2 将侧枝缩剪至新芽处，促进新枝的生长。

3 剪除植株中心的拥挤枝条，以利于通风透光。

4 用细绳把嫩枝固定好，注意不要绑得太紧。

修剪疏于打理的藤蔓植物

　　许多落叶藤蔓植物如果不加以照料，就会形成一团缠结在一起的老茎。它的基部会变得光秃、不美观，花的展示效果也不好。大多数藤蔓植物可以通过重度修剪来进行翻新再培植，特别是在植株健康状况良好的情况下。对于每年长势弱、新枝少的藤蔓植物，应先施肥并彻底浇水一个季节。

　　翻新修剪以持续 2 ~ 3 年为宜，同时定期给植株施肥和浇水。

　　第一年，在剪除一定比例的老茎之前，将枯死和染病的枝条剪掉，使其恢复健康。然后，将老茎的一部分缩剪至接近地面。大多数疏于打理的藤蔓植物都经得住在春季将其茎部缩剪至接近地面，所以可用修枝剪或高枝修枝剪剪除老茎，保留新枝。在接下来的两年中，修剪其他的老茎。

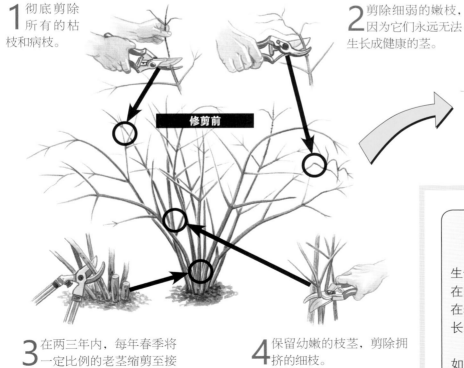

1 彻底剪除所有的枯枝和病枝。

2 剪除细弱的嫩枝，因为它们永远无法生长成健康的茎。

修剪前

修剪后

➔ 几年后，这些藤蔓植物将覆盖满新鲜的枝茎。

3 在两三年内，每年春季将一定比例的老茎缩剪至接近地面。

4 保留幼嫩的枝茎，剪除拥挤的细枝。

常绿藤蔓植物的修剪

　　常春藤通常是常绿藤蔓植物中生命力最旺盛、最繁茂的，尤其是在阳光充足、土壤湿润肥沃的地方。在春秋两季，不但要剪除入侵性生长的嫩枝，也要剪掉老枝。

　　修剪肮脏且积尘的常春藤，如有必要，戴上护目镜、防护口罩或防护面具。

灌木、乔木、藤蔓植物修剪方式大全（A–Z）

修剪特定灌木、乔木、藤蔓植物的实用指南

在这一部分中，提供了修剪乔木、藤蔓植物和各类灌木的权威速成修剪实用指南。它们按照植物学名的字母顺序排列，在适用的情况下，还标明了通用名，以及较古老和较著名的植物学名。绿篱植物的剪枝详阅第42～45页，针叶树的剪枝详阅第46～47页。

重点图标

以下图标表示各类植物性质：

 乔木

 墙面乔木

 灌木

 墙面灌木

 藤蔓植物

 竹子

A | 灌木、乔木、藤蔓植物修剪方式大全（A–Z） | **A**

大花六道木（Abelia x grandiflora）

此类常绿或半常绿灌木无需定期修剪，但要在秋季剪除拥挤的枝条，以促进新枝的生长。落叶灌木在春季初期或春季中期剪除拥挤的枝条，以促进新枝的生长。

翅果连翘（白花连翘）（Abeliophyllum distichum）

除了在春初或无霜冻危险时剪掉枯枝外，几乎不需要修剪。

红萼苘麻（Abutilon megapotamicum）

在春季中期，剪除杂乱和受冻害的枝条。

葡萄叶苘麻（Abutilon vitifolium）

修剪方式同红萼苘麻。

相思树属（Acacia）

金合欢

这些略显柔弱的常绿灌木和乔木最好靠着温暖、有遮蔽的墙生长。一旦其树枝形成框架，几乎不需要修剪。高大的孤植树可在花期结束后缩剪三分之二的枝条，这将有助于限制其生长，但不要过于频繁修剪，因为每次修剪后灌木都需要很长时间才能恢复。此外，请勿修剪灌木主枝干。

羽扇槭（Acer japonicum）

日本槭

在夏末或秋初，剪除杂乱、拥挤和错位的枝条。一般情况下，只需少量修剪；若彻底修剪，则会破坏其形状。

羽扇槭

鸡爪槭（Acer palmatum）

修剪方式同羽扇槭。鸡爪槭是主要生长在庭院中的小型树种，叶多彩、分裂，只需轻微修剪，无需在幼苗期对其进行造型修剪。

中华猕猴桃（Actinidia chinensis）

山洋桃/奇异果

观赏型孤植树无需定期修剪，但在冬末偶尔要对长枝进行疏剪和缩剪。

狗枣猕猴桃（Actinidia kolomikta）

狗枣子

修剪方式同中华猕猴桃。通常任其生长以覆盖墙壁，面积过大时需修剪。

A 　　灌木、乔木、藤蔓植物修剪方式大全（A–Z）　　**A**

七叶树属（Aesculus）

马栗

 无需定期修剪。

小花七叶树（Aesculus parviflora）

娑罗树

 秋季剪掉灌木分枝的老茎和拥挤的茎，这将促进新芽的生长。如果春季进行剪枝，有可能造成茎干伤流。

木通属（Akebia）

这种缠绕型灌木几乎不需要修剪，但要在春季剪掉枯枝和长枝，因为其生长范围过大会对其他植株造成威胁。

拉马克唐棣（Amelanchier lamarckii）

唐棣

几乎不需要修剪，但在花期结束后的夏初，要对过于拥挤的枝条进行疏剪。平滑唐棣与加拿大唐棣的修剪方法与之相同。

拉马克唐棣

蛇葡萄属（Ampelopsis）

无需定期修剪，但在春季需要剪除枯枝或过于拥挤的枝条。

青姬木（Andromeda polifolia）

沼泽迷迭香

 几乎不需要修剪，但在花期结束后的夏初，要尽快剪除老茎和密集的枝条。

楤木（Aralia elata）

辽东楤木（刺龙牙 / 刺老芽 / 鹊不踏）

无需定期修剪。此类灌木会蔓延生长，如果发生这种情况，在春季将枝条缩剪至地面高度。

荔莓属（草莓树属）（Arbutus）

 无需定期修剪，只需在春季修剪掉错位和杂乱的枝条。此外，如果因为其美丽的树皮而栽植的话，则需剪掉遮挡树皮的枝条。

熊果（Arctostaphylos uva-ursi）

红熊莓

 无需修剪，因为它不喜欢被修剪。然而，在春季需要短截枝梢以促进其生长。

马兜铃（Aristolochia macrophylla）

烟斗藤

通常很少需要修剪，但在空间有限的地方，要在冬末或春初，对嫩枝进行疏剪，将长枝缩剪约三分之一。

南木蒿（Artemisia abrotanum）

香蒿 / 青蒿

春季，当严重霜冻期过去后，剪除拥挤和受冻害的枝条。

中亚苦蒿（Artemisia absinthium）

洋艾

 每年春季中期或末期，将所有的茎缩剪至距离地面15厘米以内。

小木艾（Artemisia arborescens）

修剪方式同南木蒿。

花叶青木（Aucuba japonica 'Variegata'）

洒金珊瑚 / 洒金桃叶珊瑚

 无需定期修剪。有时叶子的边缘因冻害而变黑，如果发生这种情况，在春季修剪受损的枝茎。

花叶青木

> **青木（东瀛珊瑚/日本桃叶珊瑚）的翻新修剪**
>
> 春季，把生长过大过密的植株缩剪至约60厘米高。新茎通常从灌木的基部长出，尽管新茎长出来之前的植株可能看起来不够美观。

A 　　　　　灌木、乔木、藤蔓植物修剪方式大全（A–Z） 　　　　　**C**

杜鹃花（Azalea）

无需定期修剪。但是当灌丛变得拥挤时，在花期结束后立刻修剪掉一些枝条。

杜鹃花

金柞属（Azara）

无需定期修剪。但是，当枝条受冻害或灌丛长枝泛滥时，在花期结束后的春末，要对其根茎进行重度修剪。

竹子（Bamboo）

竹子品种繁多，一般都无需定期修剪。但在春末，要将竹子已经老化枯萎的枝条砍至地面高度。大雪有时会损坏竹枝，严重受损的竹枝也应砍至地面高度。

智利藤（Berberidopsis corallina）

红珊藤

对于这种略显娇弱的灌木，除了在冬末或春初修剪枯枝外，几乎不需要修剪。此外，还需剪掉拥挤的枝条，以便透光通风。

小檗属（Berberis）

小檗属植物有常绿和落叶两种类型，它们几乎都不需要修剪。但是，在花期结束后，要及时修剪常绿型小檗过于密集的枝条。落叶型小檗在冬末或早春（当其浆果成熟后）进行修剪，将老枝和枯枝剪至地面或健康枝条之上。

小檗属

桦木属（Betula）

桦树

无需定期修剪，但可在秋末修剪受损或错位的枝条。彼时修剪，可降低桦木出现伤流的概率。

互叶醉鱼草（Buddleja alternifolia）

在夏季花期结束后将产生花朵的所有茎缩剪三分之二。这种落叶灌木有时会长成孤植树，主干净高1.2～1.5米，足够形成垂枝。此类灌木的养护相对简单：种植后，将枝条单独绑在固定桩上。第一年，剪除所有侧枝，让中央主干向上生长；第二年，当主干高约1.5米时，短截主茎，让其下面的枝茎靠近主茎发展成侧枝。当植株成熟后，像灌木一样进行修剪，但不要进行重度修剪。

大叶醉鱼草（Buddleja davidii）

蝴蝶木

为了促进幼芽的生长，使其花期从夏季中期至秋季，每年的修剪是必不可少的。春初，将所有枝条缩剪至距离老枝5～7.5厘米处。

大叶醉鱼草

球序醉鱼草（球花醉鱼草）（Buddleja globosa）

通常在夏季花期结束后，修剪枯花，并将新枝缩剪至距离老枝5～7.5厘米处。

灌木柴胡（Bupleurum fruticosum）

圆叶柴胡

冬末春初时，尽量缩剪枝条，以促进新枝的生长。

紫珠属（Callicarpa）

珍珠枫

冬末，修剪老枝和过密的枝条，尽可能保留更多的新枝。

C　灌木、乔木、藤蔓植物修剪方式大全（A–Z）　**C**

红千层属（Callistemon）

瓶刷树

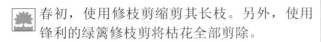 无需定期修剪，只需在冬末偶尔修剪错位的枝条。

帚石南（Calluna vulgaris）

佳萝/石南

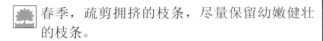 春初，使用修枝剪缩剪其长枝。另外，使用锋利的绿篱修枝剪将枯花全部剪除。

夏腊梅属（Calycanthus）

牡丹木

春季，疏剪拥挤的枝条，尽量保留幼嫩健壮的枝条。

山茶属（Camellia）

无需定期修剪，但在春季中期，需要剪短其长而杂乱的枝条，以形成美观的灌丛。

> **山茶的翻新修剪**
>
> 春季中期，可通过缩剪其光秃的老枝和基部来促进嫩枝的进一步生长，缩剪三分之一到二分之一的高度。

厚萼凌霄（Campsis radicans）

美国凌霄

栽植后，将所有嫩枝缩剪至约15厘米高，可以促进植株基部周围的嫩芽生长。对于成熟植株，在冬末或春初时，将老枝缩剪至距其基部5～7.5厘米以内。

树锦鸡儿（Caragana arborescens）

小黄刺条

无需定期修剪，只需在花期结束后立即剪短幼苗上的长枝，以形成美观的灌丛。

加州银莲花（Carpenteria californica）

木银莲

 夏季中期至末期，花期结束后，缩剪其长枝、乱枝及弱枝。

加州银莲花

鹅耳枥属（Carpinus）

穗子榆

当其长成乔木时，无需修剪。

丘园蓝莸（Caryopteris x clandonensis）

蓝胡须

在冬末或春初，剪除上一年生长的花枝，将弱枝剪至接近地面，强枝剪至健康芽之上，促进幼芽从地面开始生长。

滨篱菊属（Cassinia）

春初，剪短最长的枝条，使这些石南花状的灌木保持整齐美观的外形。

欧洲栗（Castanea sativa）

甘栗 / 西洋栗

无需修剪。

美国梓树（Catalpa bignonioides）

印度豆角树

无需修剪。

美洲茶属（Ceanothus）

加州紫丁香

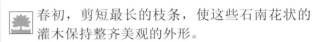 花期结束后，修剪春季开花、常绿和灌丛美洲茶。

灌丛型：剪短长枝，以保持其整齐美观。

常绿沿墙型：花期结束后，将强壮的侧枝缩剪至距离主枝2.5～5厘米处。

夏末和秋季开花的落叶型：剪除细枝，并将上一年的花枝缩剪至距离老枝15～30厘米处。

C　灌木、乔木、藤蔓植物修剪方式大全（A–Z）　**C**

南蛇藤（Celastrus orbiculatus）
过山枫/香龙草
当其作为独立植株生长时，无需修剪。但如果沿着墙壁或藤架生长时，在春季对不需要或错位的枝条进行疏剪，同时将主枝的长度缩剪一半。

岷江蓝雪花（Ceratostigma willmottianum）
紫金莲/兴居茹马
枝条经常因冻害而死，如果发生这种情况，在春季中期就要把整个植株修剪至地面，促进新枝的生长。在一些地区，枝条不会受到冻害，在这种情况下，只需剪掉老枝和花枝。

连香树（Cercidiphyllum japonicum）
芭蕉香清
无需修剪。

南欧紫荆（Cercis siliquastrum）
犹大树
除了在幼苗期对其进行造型修剪外，无需定期修剪。之后，只需在春季修剪枯枝。

夜香树属（Cestrum）
落叶和常绿灌木或墙灌木，因其枝条娇嫩，最好在温室种植。冬末或春初，对2～3年的枝条进行疏剪。另外，将侧枝缩剪至15厘米长。

木瓜海棠属（Chaenomeles）
毛叶木瓜/日本贴梗海棠
在花期结束后，只需对灌生木瓜海棠生长过密的枝条进行疏剪。当其沿墙生长时，在春季中期或春末，修剪其二次枝。

木瓜海棠属

腊梅（Chimonanthus praecox）
黄梅花
花坛种植的腊梅不需太多修剪，但在春季要进行疏剪和剪掉枯枝。当其沿墙生长时，在花期结束后，保留花枝基部的几个芽，将其余部分剪掉。

美国流苏树（Chionanthus virginicus）
流苏树
夏季中期，花期结束后，通过修剪细长和弱小的枝条，使其不再产生郁闭和过密生长的情况。

墨西哥橘（Choisya ternata）
墨西哥橙花
无需定期修剪，只需在第一个花期结束后修剪蔓生枝。另外，在春季剪除受冻害的枝条。

> ### 墨西哥橘的翻新修剪
> 春末，通过重度修剪所有的枝茎可使光秃的老枝回春。这意味着这一年的开花数量将减少，但到了第二年，灌木将更加绚丽。

岩蔷薇属（Cistus）
岩茨
当植株处于幼苗期时，短截新枝，促进其生长。后期无需修剪，当灌木变得光秃和徒长枝泛滥时，最好将其挖掉并栽植新的植株。

岩蔷薇属

C　灌木、乔木、藤蔓植物修剪方式大全（A–Z）　C

铁线莲——杂种大花品种

　　铁线莲属植物以大花为主。出于修剪目的，这些杂交品种早期根据其亲本划分为若干组，如铁线莲、转子莲、杰克曼尼氏铁线莲、南欧铁线莲和毛叶铁线莲。但是，近年来，以大花铁线莲的杂交分类作为修剪指标几乎没有什么参考价值了。因此，最好以它们的花期作为修剪参考。

"内利·莫舍"铁线莲/
"繁星"铁线莲

杰克曼尼氏铁线莲

　　第1组：最早的花期为春末至夏季中期，主要在前一花期的短侧枝上开花；有时，它们会在同年生的枝梢上再开花。在藤蔓型铁线莲的生长初期，促进基部枝条的生长是非常重要的。因此，灌木一旦长成，在第二年春季，将所有的枝茎剪到离地面 23 厘米以内。在随后的几年里，一旦春季开始萌芽，就将弱枝和死枝剪除。同时，将枝条固定在支架上。

　　第2组：花期从夏季中期开始，在同年生的较早的枝条的叶节处开花。在春季进行修剪，剪除枯枝，并将前一年的花枝修剪为成对的饱满健康的芽。

高山铁线莲（Clematis alpina）

　　一种生长缓慢的落叶藤蔓型铁线莲，但会长得很茂密，除了剪掉枯花外，几乎不需要修剪。它很少开出很大的花，但是，如果开出大花，在春末或夏初，花期结束后缩剪长枝。

小木通（Clematis armandii）

　　小木通（包括"苹果花"和"雪舞"）是一种生命力旺盛的常绿藤蔓型铁线莲，最好在春末花期结束后立即修剪，剪掉所有花枝。

金毛铁线莲（Clematis chrysocoma）

　　落叶藤蔓型铁线莲，生命力不如绣球藤，更适合在小型或中型庭院种植。它的花期为夏季初期和中期，或者更晚，因此，在花期结束后应尽快缩剪长枝，促进来年花枝的生长。有时，它会在当年修剪后的花枝上再次开花，这也是其开花晚的原因。当其攀附树木生长时，无需修剪。

华丽杂交铁线莲（Clematis flammula）

　　落叶灌丛藤蔓型铁线莲，花期为夏末至秋季中期。在冬末或春初，缩剪所有的枝条，促进其基部长出强壮的嫩芽。

长瓣铁线莲（Clematis macropetala）

　　细长的落叶藤蔓型铁线莲，花期为春末和夏初。花期结束后，立即缩剪花枝。这种铁线莲除了靠墙或在棚架上生长外，还可以种植在一个大桶里，它的根茎可在地上蔓延生长。花期结束后，缩剪花茎并将嫩茎修剪至桶的底座。

长瓣铁线莲

重点图标　 乔木　 墙面乔木　 灌木　 墙面灌木　 藤蔓植物　 竹子

C　灌木、乔木、藤蔓植物修剪方式大全（A–Z）　**C**

绣球藤（Clematis montana）

山铁线莲

 生命力旺盛的落叶藤蔓型铁线莲，适合一年一剪。夏初，花期结束后，缩剪所有花枝，促进次年花枝的生长。当其攀附树木生长时，无需修剪。

甘青铁线莲（唐古特铁线莲）（Clematis tangutica）

 落叶藤蔓型铁线莲，花期为夏末至秋季中期。在冬末或春初，疏剪所有的枝条，促进其基部长出强壮的嫩芽。

臭牡丹（Clerodendrum bungei）

臭八宝（臭梧桐）

几乎不需要修剪，只需在春季短截受冻害枝条。当植株过大时，在春季将其砍至离地面高度38厘米以内。

海州常在（Clerodendrum trichotomum）

臭梧桐

修剪方式同臭牡丹。

海州常在

桤叶山柳（Clethra alnifolia）

甜胡椒

无需定期修剪，只需在冬末或春初剪除细弱老枝。

大山柳（Clethra arborea）

铃兰花山柳

 修剪方式同桤叶山柳。

鱼鳔槐（Colutea arborescens）

膀胱豆

早春，剪除细弱的枝条。另外，把强壮的嫩枝缩剪至距离老枝的几个芽之内。

山茱萸属（Cornus）

大花四照花

 乔木山茱萸无需定期修剪，只需偶尔在冬末修剪。但是，因其丰富多彩的枝茎而种植的红瑞木和偃伏梾木（主教红瑞木）需要每年修剪。春季，将所有枝茎剪至离其基部7.5厘米以内，有助于色彩丰富的枝条生长。

蜡瓣花属（Corylopsis）

连核梅

 无需定期修剪，只需在春末花期结束后，偶尔对其过密生长的枝条进行疏剪。

"黄叶"欧榛（Corylus avellana 'Aurea'）

"金叶"欧榛

为了促进新枝和迷人树叶的生长，每年的修剪是必不可少的。在冬末春初，缩剪生长旺盛的枝条。

"紫叶"大榛（Corylus maxima 'Purpurea'）

"紫叶"榛

修剪方式同"黄叶"欧榛。

黄栌（Cotinus coggygria）

烟树 / 乌牙木

无需定期修剪，但必要时可在春初修剪杂乱的枝条。

枸子属（Cotoneaster）

无需定期修剪，只需在冬末对落叶型树种和在春季中期到春末对常绿树种进行疏剪，剪除过于拥挤的枝条。

C 灌木、乔木、藤蔓植物修剪方式大全（A–Z） **E**

山楂属（Crataegus）

观赏山楂

 乔木型山楂无需定期修剪。

金雀儿属（Cytisus）

金雀花

 为了促进灌木丛生，在幼苗的第一个夏天，多次修剪其主枝。当植株长成，花期结束后，应尽快修剪上一花季的花枝，将所有的枝条缩剪三分之二。对于当季开花的植株，在春季修剪时要注意，在生长开始前对枝条进行重度缩剪。

大宝石南（Daboecia cantabrica）

大欧石南

 秋末，用园艺剪剪除枯花。在寒冷的地区，春季再进行剪枝。

瑞香属（Daphne）

 无需定期修剪，只需在春季剪除枯枝和蔓生枝。

珙桐（Davidia involucrata）

鸽子树/空桐/水梨子

 无需定期修剪。

枸骨叶（Desfontainea spinosa）

 无需定期修剪，只需在春末偶尔修剪过大植株的枝条。

枸骨叶

溲疏属（Deutzia）

 在夏季中期，花期结束后，立即对灌木进行疏剪，将老茎和花茎剪至基部或地面。

双盾木（Dipelta floribunda）

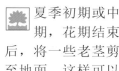 夏季初期或中期，花期结束后，将一些老茎剪至地面，这样可以保持灌丛散开，促进新芽的生长。

双盾木

智利悬果藤（Eccremocarpus scaber）

智利垂果蔓

冬末，剪除受冻害的枝条。但是，如果植株受到严重的冻害，要在春季将所有枝茎剪至基部，以促进新茎的生长。

胡颓子属（Elaeagnus）

无需定期修剪，只需在春季剪掉蔓生枝和错位的枝条。此外，还要剪除杂色品种的全绿枝条。

木香薷（Elsholtzia stauntonii）

薄荷灌木

每年冬末，重度缩剪上一年的花枝，另外，剪除弱枝和细枝。

筒瓣花（Embothrium coccineum）

智利火焰树

  无需定期修剪，只需在花期结束后，剪除蔓生枝。

筒瓣花

布纹吊钟花（Enkianthus campanulatus）

无需定期修剪，只需在冬末保持其造型。

重点图标　 乔木　 墙面乔木　 灌木　 墙面灌木　 藤蔓植物　竹子

E　　灌木、乔木、藤蔓植物修剪方式大全（A–Z）　　**F**

欧石南属（Erica）

欧石南 / 凿木

高大的春花类型无需定期修剪，只需在春末花期结束后，剪短蔓生枝的长端。对于生长缓慢的欧石南属植物，在春季使用园艺剪剪掉夏花类型植株上的枯花。冬花和春花类型则应在花期结束后应立即进行修剪。

南美鼠刺属（Escallonia）

花坛种植的灌丛几乎不需要修剪，只需在春季或花期结束后偶尔缩剪枝条。

桉属（Eucalyptus）

尤加利树

许多乔木型桉属植物无需修剪，而其他类型可以每年或定期修剪，以促进嫩枝新叶的生长。例如，每年春季修剪的岗尼桉，促进其蓝绿色和银白色的圆叶生长，这些叶子通常用于室内插花。

密藏花属（银香茶属）（Eucryphia）

成熟灌木和乔木无需定期修剪，但是，需要在幼苗期剪掉短截枝条，以促进其生长茂盛。

密藏花属（银香茶属）

卫矛属（Euonymus）

常绿型需要在春季修剪定型；落叶型无需定期修剪，但需在冬末进行疏剪和剪短枝条来促进其生长。

白鹃梅属（Exochorda）

茧子花

无需定期修剪。

覆瓦柏枝花（"平卧"柏枝花）（Fabiana imbricata）

花期结束后，剪短长枝，促进灌丛茂密生长。

欧洲山毛榉（Fagus sylvatica）

山毛榉

无需定期修剪。

巴尔德楚藤蓼（Fallopia baldschuanica）

俄罗斯藤 / 血地胆 / 布哈拉何首乌

又名木藤蓼，通常不需修剪。但当其生长范围过大威胁到其他植物时，需在春季缩剪其枝条。

八角金盘（Fatsia japonica）

八金盘 / 日本八角金盘

无需定期修剪，只需偶尔在春季对其进行修剪定型。

连翘属（Forsythia）

黄花杆

每年的修剪是必不可少的。春季花期结束后，剪去蔓生枝和错位的枝条，另外，还要剪短旺盛的长枝。

北美瓶刷树属（银刷树属）（Fothergilla）

无需定期修剪，只需在春末夏初，花期结束后，偶尔对生长过密的枝条进行疏剪，另外，还需剪除细枝。

梣属（Fraxinus）

白蜡树

无需修剪。

"加州之光"法兰绒花（Fremontodendron californicum）

法兰绒花 / 法兰绒灌木

无需定期修剪，只需在春季剪除受冻害的枝条。

短筒倒挂金钟（Fuchsia magellanica）

吊钟海棠

每年春季，将所有枝条缩剪至地面，以促进新枝的生长。

G 灌木、乔木、藤蔓植物修剪方式大全（A–Z） H

丝缨花（Garrya elliptica）

银穗树

当其作为在花坛种植的灌木时，只需在春季偶尔剪除老枝、蔓生枝和错位的枝条。当其沿墙生长时，在春季花期结束后缩剪其长的二次枝。

短尖叶白珠树（Gaultheria mucronata）

别名丽木果，无需定期修剪，只需在冬末或春初缩剪成熟植株的徒长枝，促进其基部嫩枝的生长。

染料木属（Genista）

金雀花

植株成熟后，无需定期修剪，只需在其幼苗期进行短截，促进其繁茂生长。

美国皂荚（Gleditsia triacanthos）

金叶皂荚

无需修剪，只需在早春剪除枯枝。

滨覆瓣梾木（滨海山茱萸）（Griselinia littoralis）

几乎不需要修剪，只需在春季或夏末剪除长枝和错位的枝条。

银钟花属（Halesia）

假杨桃 / 银铃树

无需定期修剪，只需在春末花期结束后，尽快剪短长枝。

海蔷薇属（Halimium）

无需定期修剪，只需在春季剪除枯枝。

铃铛刺（Halimodendron halodendron）

盐豆木

无需定期修剪，只需在花期结束后偶尔剪除密集的枝条。

金缕梅属（Hamamelis）

木里香

无需定期修剪，只需在花期结束后剪除病枝。另外，在冬末或春季，剪除杂乱、拥挤和交叉枝。

金缕梅

长阶花属（Hebe）

无需定期修剪，只需在春季中期剪除全部徒长枝，促进灌木基部的嫩枝生长。

"银斑"加那利常春藤（Hedera canariensis 'Gloire de Marengo'）

杂色加那利岛常春藤

别名"斑叶"加那利常春藤。此类藤蔓植物在栽种后的头几年里生长缓慢，一旦长成，它就会迅速堵塞沟渠，穿透裂缝。因此，需要在冬末或春初，检查枝条是否过度生长，并在必要时进行缩剪；在夏末也要缩剪长茎。

"花齿叶"科西加常春藤（Hedera colchica 'Dentata Variegata'）

杂色波斯常春藤

别名"斑叶"科西加常春藤，此类生长旺盛的藤蔓植物的修剪方式同"银斑"加那利常春藤。

"硫黄心"科西加常春藤（Hedera colchica 'Sulphur Heart'）

别名"金心"科西加常春藤，此类常春藤的生命力比"花齿叶"科西加常春藤和"银斑"加那利常春藤更加旺盛，修剪方式同"银斑"加那利常春藤。

"金心"洋常春藤（Hedera helix 'Goldheart'）

这种小叶杂色常春藤经常沿墙藤蔓生长，如果光照充足，将具有一定入侵性，修剪方式同"银斑"加那利常春藤。

重点图标 乔木 墙面乔木 灌木 墙面灌木 藤蔓植物 竹子

H 灌木、乔木、藤蔓植物修剪方式大全（A–Z） **H**

红花岩黄耆（Hedysarum multijugum）

冬末，疏剪老枝、弱枝，剪短上一年生的蔓生枝。

金线半日花（Helianthemum nummularium）

岩蔷薇

剪短长枝和蔓生枝，花期结束后，尽快剪除老的花冠。

木槿（Hibiscus syriacus）

灌木锦葵 / 大红花

几乎不需要修剪，只需在春季剪短长枝。

木槿

沙棘（Hippophae rhamnoides）

醋柳

无需定期修剪，但是，为了确保灌木形成结实的基部，需在夏末将长枝和蔓生枝缩剪至老枝。

授带木属（绶带木属）（Hoheria）

花皮树

春季早期或中期，剪除受冻害的枝条和蔓生枝，同时，疏剪过密的枝条，特别是靠墙种植（墙培）的植株。

全盘花（绣珠梅）（Holodiscus discolor）

忌廉灌木 / 浪花石

无需定期修剪。

"黄叶"啤酒花（Humulus lupulus 'Aureus'）

黄叶蛇麻草 / 金叶蛇麻草

藤蔓草本，每年秋季或冬初，叶子和茎都会枯萎，需在秋末或春初将其全部剪除。

多蕊冠盖绣球（Hydrangea anomala petiolaris）

日本绣球花

别名藤绣球，此类生命力旺盛的藤蔓植物无需定期修剪，只需在春季剪除枯枝，疏剪过密的枝条和蔓生枝。

乔木绣球（Hydrangea arborescens）

八仙花

每年冬末或春初，将所有前一年生的花枝缩剪三分之一到二分之一。

绣球（大叶绣球）（Hydrangea macrophylla）

法国绣球花 / 粉团花

此类常见落叶灌木可分为两群：圆顶群（花序圆顶状，密集——译者注）和平顶群（花序开张，扁平——译者注）。在冬末或春初，把前一年的花枝全部剪至基部。枯萎的花冠有时在秋季被剪掉，但在寒冷地区，花冠的修剪最好等到春季再进行，因为枯萎的花冠有助于灌木抵御恶劣天气，而且覆有霜雪的花冠看起来美观迷人。

绣球（大叶绣球）

圆锥绣球（Hydrangea paniculata）

冬末或春初，将前一年的花枝全部缩剪一半。如果希望其呈现特大花冠，则需重度修剪，缩剪三分之二的枝条。

金丝桃属（Hypericum）

圣约翰草（贯叶连翘）

冬末或春初，将上一季生长的强壮枝条缩剪四分之一。冬绿金丝桃（大萼金丝桃）在春季早期或中期，每隔几年将其修剪至距地面13～15厘米以内，使灌丛保持紧凑密集。

灌木、乔木、藤蔓植物修剪方式大全（A–Z） **K**

冬青属（Ilex）

槲寄生

无需定期修剪，只需在春季偶尔对植株定型，春末剪除过大灌丛或蔓生灌丛。

木蓝属（Indigofera）

槐蓝

无需定期修剪，只需在春初剪除受冻害的或过长的枝条。异花木蓝，别名异花木兰，从基部发芽，如果植株受冻害过度，或生长过度，它们需要在春季中期进行重度缩剪。

冬青叶鼠刺（月月青）（Itea ilicifolia）

无需定期修剪，只需在春季偶尔剪除错位的枝条。

弗吉尼亚鼠刺（Itea virginica）

美国鼠刺 / 弗森虎耳 / 北美鼠刺

无需定期修剪，只需在春季偶尔剪除错位的枝条。

迎春花（Jasminum nudiflorum）

重瓣迎春

春季中期，花期结束后，将花茎剪至距离根部5～5.7厘米以内。同时，彻底剪除弱枝和徒长枝，有关此类墙面灌木的详细修剪信息，详阅第21页。

素方花（Jasminum officinale）

秀英花

花期结束后，将花枝疏剪至基部，而非仅剪短枝条。

多花素馨（Jasminum polyanthum）

素兴花

在温带气候，此类藤蔓植物通常种植在室内，但在气候温和的地区，可在室外靠着暖和的防风墙生长。无需定期修剪，只需在夏初花期结束后，偶尔疏剪生长过度的植株。

胡桃属（Juglans）

核桃

胡桃在剪枝时可能会出现伤流现象，这是修剪后树枝的自然反应。如果必须修剪胡桃，请在冬季或春初，植株处于休眠期时进行修剪。

山月桂属（Kalmia）

美洲月桂

无需定期修剪，只需剪除枯萎的花簇以防其结果。

棣棠花（Kerria japonica）

黄度梅 / 山吹花

每年夏初花期结束后，将其花枝全部剪至地面或强壮的枝干处。对于"重瓣"棣棠，将枝条疏剪至基部，以促进植株基部幼枝的生长。

栾树（Koelreuteria paniculata）

金雨树 / 大夫树

无需修剪。

猬实（Kolkwitzia amabilis）

美人木

夏初花期结束后，彻底剪除所有花枝，以促进新枝的生长。

猬实

重点图标 乔木　 墙面乔木　 灌木　墙面灌木　 藤蔓植物　 竹子

L　灌木、乔木、藤蔓植物修剪方式大全（A–Z）　L

毒豆属（Laburnum）
金链花/金急雨

 无需定期修剪。

智利风铃草（Lapageria rosea）
智利钟花

 温带气候下，室外半耐寒植物。因此，它通常靠着温暖、阳光充足的墙壁生长。在夏末或初秋花期结束后，疏剪弱枝。在寒冷的地区，也可将剪枝工作留到春季进行。

月桂（Laurus nobilis）
香叶

 花坛种植的灌木月桂几乎不需要修剪，只需在春季偶尔剪除错位的枝条。但是，在花盆种植并进行造型修剪的灌木月桂需要在每年夏季修剪两次或更多。

> **月桂的翻新修剪**
>
> 　生长过密或不美观的月桂可在春季中期修剪，需重度缩剪至老枝。

薰衣草（Lavandula angustifolia）
英国薰衣草

 别名拉文德，此类常见灌木需要每年修剪。在夏末，剪除枯萎的花冠及修剪植株。

> **薰衣草的翻新修剪**
>
> 　春季中期或末期，修剪过大的植株和蔓生枝，促进植物基部嫩枝的生长。

法国薰衣草（Lavandula stoechas）
法国薰衣草

 修剪方式同英国薰衣草。

杜香属（Ledum）

 无需定期修剪。

黄杨叶石南（Leiophyllum buxifolium）
欧石楠属常绿植物

 无需定期修剪。

鬼吹箫（Leycesteria formosa）
炮仗筒 / 空心木

 在春季，将前一年的花枝剪至地面。必要时对灌木上的老枝进行疏剪，以利于枝叶的透光通风。

鬼吹箫

北美枫香（Liquidambar styraciflua）
胶皮枫香树

 无需定期修剪，只需在冬初或冬末偶尔剪除交叉枝和错位的树枝。

北美鹅掌楸（Liriodendron tulipifera）
美国鹅掌楸

 无需定期修剪。

忍冬（Lonicera japonica）
金银花

 无需定期修剪，只需在冬末或春初对生长过密的植株进行疏剪。

"黄斑"金银花（黄豚金银花/"金刚"金银花/金脉忍冬）（Lonicera japonica 'Aureoreticulata'）
斑叶金银花

 无需定期修剪，只需在冬末或春初对生长过密的植株进行疏剪。

亮叶忍冬（Lonicera nitida）
云南蕊帽忍冬 / 铁楂子

 这种灌丛植物种植在花坛中时，几乎不需要修剪，只需在春季偶尔用修枝剪将其缩剪为大棵孤植树。

L 　　　　**灌木、乔木、藤蔓植物修剪方式大全（A–Z）** 　　　　**N**

"巴格森金"光亮忍冬（金叶亮叶忍冬）
（Lonicera nitida 'Baggesen's Gold'）

 修剪方式同亮叶忍冬。

"比利时"香忍冬（Lonicera periclymenum 'Belgica'）

早花普通忍冬

 无需定期修剪，只需在花期结束后偶尔疏剪老枝和过密的枝条。

"晚花"香忍冬（Lonicera periclymenum 'Serotina'）

晚花普通忍冬

 无需定期修剪，只需春季偶尔剪除老枝和过密的枝条。

金银花的翻新修剪

　　如果疏于修剪,忍冬、"比利时"香忍冬和"晚花"香忍冬等金银花的基部周围最终会裸露，顶部的老茎会乱成一团。如果发生这种情况，需在春季将整棵植株剪至离地面 38 ～ 50 厘米。

木羽扇豆（Lupinus arboreus）

羽扇豆

 冬末或早春，剪除老茎。同时将生长旺盛的枝条缩剪至四分之一，并完全剪除细弱的小枝。

木羽扇豆

宁夏枸杞（Lycium barbarum）

山枸杞 / 中宁枸杞

 夏季花期结束后，偶尔疏剪其枝条。当其疏于打理时，在春季缩剪所有枝条。

木兰（北美木兰）（Magnolia）

 落叶木兰不适合修剪，因其大切口难以愈合。但是，如果常绿广玉兰（荷花玉兰）靠墙生长，则可在春季中期剪除其朝外生长的枝条。

十大功劳（Mahonia）

 无需定期修剪。但当冬青叶十大功劳（脉叶十大功劳）作为地被植物种植时，需在春季剪短其长枝。

苹果属（海棠）（Malus）

沙果

 无需定期修剪，只需在冬末剪除病枝、交叉枝和错位的树枝。如果树上仍有果实，修剪工作要等到落果后再进行。鲜食型和烹饪型的苹果属植物修剪方式详阅第64～65页。

黑桑（Morus nigra）

黑桑椹

 桑椹在修剪时可能会出现伤流现象。因此，只有在绝对必要时，才剪除其交叉树枝和枯木。

香桃木（Myrtus communis）

银香梅

 娇嫩的香桃木通常种植在阴凉地区的温室中，但在温暖地区，也可在户外荫蔽处种植。在春季，剪除其基部杂乱的徒长枝，同时剪除室外植株上受冻害的枝条。

南天竹（Nandina domestica）

红杷子

 几乎不需要修剪，只需在花期结束后尽快剪除枯枝和弱枝。

绣线梅（Neillia）

 无需定期修剪，只需在夏季花期结束后疏剪过密的枝条。

多花蓝果树（Nyssa sylvatica）

蓝果树 / 多花紫树 / 美国紫树

 无需修剪。

重点图标　　 乔木　　 墙面乔木　　 灌木　　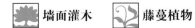 墙面灌木　　 藤蔓植物　　 竹子

O 灌木、乔木、藤蔓植物修剪方式大全（A–Z） **P**

哈氏榄叶菊（Olearia x haastii）

> 雏菊木

无需定期修剪，只需在春末或夏初剪除枯枝及对植株进行造型修剪。此修剪方式也适用于其他榄叶菊。

木犀属（Osmanthus）

> 桂花

几乎不需要修剪，只需在春季对灌木进行造型修剪。

牡丹（Paeonia suffruticosa）

> 富贵花（木芍药）

生长缓慢，几乎不需要修剪，只需在春季剪除枯枝，花期结束后尽快移除心皮。

牡丹

波斯铁木属（帕罗梯木属）（Parrotia）

无需定期修剪，只需在春季疏剪幼树生长过密的枝条。

花叶地锦（Parthenocissus henryana）

> 川鄂爬山虎

无需定期修剪，只需在春季剪除枯枝和生长过密的枝条。

五叶地锦（Parthenocissus quinquefolia）

> 美国爬山虎

修剪方式同花叶地锦，因为它的生命力更加旺盛，所以需要更大程度的修剪。

地锦（Parthenocissus tricuspidata）

> 爬山虎

修剪方式同五叶地锦。

西番莲（Passiflora caerulea）

> 百香果

冬末春初，将老茎缩剪至地面或主茎。另外，将侧枝缩剪至15厘米长。

毛泡桐（Paulownia tomentosa）

> 紫花泡桐 / 日本泡桐

通常情况下，无需修剪。然而，当它作为孤植树种植时，必须在春初将所有的茎剪至地面，促进迷人叶子的生长，但它几乎不会开花。

滨藜叶分药花（Perovskia atriplicifolia）

> 俄罗斯鼠尾草

每年春季中期，将所有的枝条剪至离地面30厘米左右，促进新枝从地面开始生长。

山梅花属（Philadelphus）

> 毛叶木通

夏季中期花期结束后，剪除所有花枝，留下幼枝，因为这些幼枝将在下一年开花。

金钟木（垂花）（Philesia magellanica）

矮生，寄生型，娇嫩的常绿灌木，无需定期修剪。如果其生长面积过大，在挖出并丢弃之前，可挑出一些徒长枝进行培植。

总序桂属（Phillyrea）

无需定期修剪，只需在春季中期剪除错位的枝条。当植株疏于打理时，可在春末缩剪拥挤的老枝。

石楠属（Photinia）

无需定期修剪，只需在冬初剪短落叶型树种的长茎和蔓生茎；而常绿型树种则在春季中期或末期修剪。

马醉木属（Pieris）

花期结束后，小心剪下花朵，另外，还需缩剪其长枝和蔓生枝。

P　灌木、乔木、藤蔓植物修剪方式大全（A–Z）　**P**

尼泊尔黄花木（Piptanthus nepalensis）

毛瓣黄花木

这种稍显娇嫩的常绿灌木也被称为金链叶黄花木，无需定期修剪，只需在冬末剪除枯枝、老枝和受损的枝条，并将长枝缩剪一半。

海桐属（Pittosporum）

无需定期修剪，只需在春季剪短长枝，保持灌木整齐。

海桐属

悬铃木属（Platanus）

悬铃木

冬季剪除过密的枝茎。

杨属（Populus）

杨树（蜈蚣柳 / 杨木 / 白杨）

无需修剪。

金露梅（Potentilla fruticosa）

金腊梅（灌木委陵菜）

几乎不需要修剪，只需在夏末或秋初，在花期结束后剪除基部杂乱、老弱的枝条。在寒冷地区，修剪工作要留到春季早期或中期进行。

金露梅

李属（PRUNUS）

李属植物种类繁多，观赏灌木和乔木，以及生长樱桃、李子、桃和油桃等食用水果的果树类型（详阅第 70 ~ 71 页），以下是观赏类型李属植物的修剪说明。

观赏型扁桃（杏仁）（落叶）：无需定期修剪，只需在榆叶梅和麦李的花期结束后立即剪除其老花枝；缩剪至上一花季枝条的 2 ~ 3 个芽处。

观赏型樱桃（落叶）：无需定期修剪，只需在夏末剪除较大的分枝。

观赏型桃子（落叶）：无需定期修剪。

观赏型李子（落叶）：无需定期修剪。

观赏型桂樱（常绿）：春末或夏初，剪除大枝和错位的枝条。

桂樱的翻新修剪

可在春季早期或中期将桂樱的枝条重度缩剪至老枝处，使疏于打理和不美观的孤植桂樱恢复生机与活力。

火棘属（Pyracantha）

救军粮

花坛种植的火棘无需太多的关注，只需在春末或夏初剪除错位的枝条，但要注意不要剪掉花朵。对于沿墙种植的孤植火棘，需在春季中期剪短其长侧枝，但是不要剪除太多，因为留下的枝条将在第二年开花。

火棘的翻新修剪

沿墙生长的火棘可在春季将枝茎缩剪至老枝，使其恢复生机活力。但是，这也意味着接下来的几个花期都不开花。

"垂枝"柳叶梨（Pyrus salicifolia 'Pendula'）

垂柳叶梨

无需定期修剪，只需在冬季偶尔疏剪过密生长的树枝。另外，也需修剪长而杂乱的蔓生枝。

重点图标　 乔木　 墙面乔木　 灌木　 墙面灌木　 藤蔓植物　 竹子

Q 灌木、乔木、藤蔓植物修剪方式大全（A–Z） **R**

栎属（Quercus）

> 橡木

冬季剪除枝茎。疏于打理的大型橡木通常需要请专业的树医来治理，他们有合适的设备和方法来处理大树。出于安全原因，请勿自行处理大型树木。

鼠李属（Rhamnus）

> 黑老芽刺

春末，疏剪常绿类型的老枝，以保证透光通风；冬季，对落叶型树种进行修剪。

杜鹃花属（Rhododendron）

无需定期修剪，但通过掐掉侧枝的枯花，防止植株种子的发育，促进枝叶生长。

杜鹃花属的翻新修剪

各品种和杂交的杜鹃花属植物可通过在春季中期将枝茎重度缩剪至主枝，改善其疏于打理、老化和枝条蔓生的情况。但是，不要以这种方式修剪嫁接的植株或树皮剥落的品种，如硬刺杜鹃和半圆叶杜鹃。

漆树属（Rhus）

> 漆树／干漆

通常无需修剪，但如果想要呈现枝繁叶茂的景象，可在每年冬末和春季中期，将火炬树、"深裂叶"火炬花（"花叶"火炬树）和光叶漆（光滑漆树）的所有枝茎剪至地面。在寒冷地区，需到春末再进行修剪工作。

茶藨子属（Ribes）

> 茶藨子

每年春末，将老枝剪至地面，促进新枝从基部开始生长。

刺槐属（Robinia）

> 刺槐

 无需定期修剪。

蔷薇属（Rosa）

关于蔷薇属植物的修剪详阅第52～63页。

蔷薇属的翻新修剪

蔷薇品种几乎不需要修剪，只需剪除脆弱、细枝和过密的枝条。但是，疏于打理的灌丛蔷薇可在春初将其裸露的枝茎剪至离地面 30～60 厘米以内。这意味着一年内无花可开，但最终会培育出更有吸引力的植株。

迷迭香（Rosmarinus officinalis）

> 艾菊（海洋之露）

春季，剪除枯枝，短截长而杂乱的枝条，在春季中期剪除其徒长枝。

悬钩子属（Rubus）

> 观赏型悬钩子

每年春末，将彩茎品种悬钩子的老茎剪至地面，促进植株基部幼茎的生长。对于其他品种，在花期结束后，尽快将老茎剪至地面。

假叶树（Ruscus aculeatus）

> 百劳金雀花（瓜子松）

几乎不需要修剪，只需在春季偶尔剪除其枯枝。

假叶树

S 　　　　灌木、乔木、藤蔓植物修剪方式大全（A–Z）　　　　**S**

柳属（Salix）

杞柳／垂柳

乔木型柳树几乎不需要修剪，只需在冬季偶尔剪除枯枝。但是，彩茎品种的柳树需要每年修剪，如黄枝白柳和"布里茨"与红枝白柳（"绯枝"白柳），需在冬末或春初将整棵植株剪至离地面5～7.5厘米以内，促进新枝的生长。

接骨木属（Sambucus）

接骨木（公道老）

在春季中期，需疏剪其枝条来保持灌木的整齐和造型。因美丽枝叶而被种植的观叶接骨木，如"金羽"欧洲接骨木和"黄叶"西洋接骨木，需在每年冬末或春初将所有枝茎缩剪至地面。但是，在寒冷地区，需将修剪工作留到春末进行。

银香菊（圣麻）（Santolina chamaecyparissus）

棉杉菊

花期结束后，使用园艺剪轻度修剪。

野扇花属（Sarcococca）

滇香桂

无需定期修剪，只需在花期结束后，将生长过密的植株的一些老枝剪至地面。

绣球钻地风（Schizophragma hydrangeoides）

日本绣球藤

秋季，剪除沿墙生长（墙培）类型的枯花和不需要的枝条；攀树生长的类型可不进行修剪，让它们的枝条不受阻碍地攀附和缠绕。

钻地风（Schizophragma integrifolium）

修剪方式同绣球钻地风。

茵芋属（Skimmia）

无需定期修剪，只需在春季剪短长而杂乱的枝条。

茵芋属

智利藤茄（Solanum crispum）

智利土豆藤（星花茄）

春季中期，将上一季生长的枝条缩剪至15厘米长，另外，剪除弱枝和被冻死的枝条。

素馨茄（Solanum jasminoides）

素馨叶白英

春季，疏剪弱枝，剪除受冻害的枝条。

花楸属（Sorbus）

百华花楸

无需定期修剪，只需在冬末落果后疏剪枝条，保持树形。另外，若树木周围杂草丛生，需要剪除较低的枝丫，以便清理杂草。

鹰爪豆（Spartium junceum）

西班牙金雀花（莺织柳）

在幼树生长的第一年稍微修剪几次，以促进其繁茂生长。
成熟后，在冬末或春初，剪短根茎的三分之一到二分之一，这种修剪方式可以促进早花的生长。

鹰爪豆

重点图标　 乔木　 墙面乔木　 灌木　 墙面灌木　 藤蔓植物　 竹子

S | 灌木、乔木、藤蔓植物修剪方式大全（A–Z） | **T**

"尖齿"绣线菊（Spiraea 'Arguta'）

笑靥花 / 珍珠花

别名尖绣线菊，这种常见灌木需要定期修剪。幼苗和半成熟的植株，在花期结束后，需立即缩剪花枝，在每个花枝的基部留下1～2个幼芽。随着灌木的生长，在冬末尽可能剪去老枝，留下上一年生长的枝条，以便在当年开花。

"尖齿"绣线菊

粉花绣线菊（Spiraea japonica）

红花绣线菊和常见粉花绣线菊的其他品种，如"安东尼·沃尔特"粉花绣线菊，需在冬末或春初，将所有枝茎修剪至离地面7.5～10厘米以内。

珍珠绣线菊（Spiraea thunbergii）

修剪方式同"尖齿"绣线菊。

菱叶绣线菊（Spiraea x vanhouttei）

修剪方式同"尖齿"绣线菊。

旌节花属（Stachyurus）

几乎不需要修剪，只需偶尔在春季中期剪短长枝，以保持树形。

省沽油属（Staphylea）

膀胱果

无需定期修剪，只需偶尔在春末花期结束后缩剪长枝。

小米空木属（Stephanandra）

冬末，剪除老枝和徒长枝。

紫茎（Stewartia (Stuartia)）

无需修剪。

红果树属（Stranvaesia）

几乎不需要修剪，只需在春季中期疏剪生长过密的枝条，同时剪短长枝。

毛核木属（Symphoricarpos）

雪果

冬末，将一些最老的枝茎剪至地面，并剪除过密的枝条。

白檀（Symplocos paniculata）

乌子树/碎米子树

无需修剪。

丁香属（Syringa）

丁香花（紫丁香）

每年在花期结束后，用锋利的修枝剪剪掉枯花。另外，在冬季剪除弱枝和交叉枝；在夏季剪掉主茎上的徒长枝。

丁香花的翻新修剪

春季中期，将整棵植株剪至离地面60～90厘米。修整造型可以使那些因疏于打理而变得不美观的丁香花变得更有吸引力。然而，其需要2～3年才能开出更多的花朵。

柽柳属（Tamarix）

柽柳

春季开花的柽柳需在花期结束后立即修剪，将上一季生长的枝条缩剪二分之一至三分之二。在冬末或春初修剪夏末开花的多枝柽柳（五蕊柽柳），将上一季的枝条缩剪二分之一至三分之二。

亚洲络石（Trachelospermum asiaticum）

春季早期或中期，疏剪植株生长范围过大的繁茂枝条。

灌木、乔木、藤蔓植物修剪方式大全（A–Z）

T　　　　　　　　　　　　　**Z**

络石（Trachelospermum jasminoides）

万字茉莉/变色络石

🌿 修剪方式同亚洲络石。

荆豆属（Ulex）

荆豆花

🌳 无需定期修剪，只需当植株过高或枝条过长时，在春初将其缩剪至离地面15厘米以内。

荆豆属

越橘属（Vaccinium）

蓝莓

🌳 无需定期修剪。落叶型越橘生长过密时，需在冬末修剪，将老茎缩剪至地面或缩剪至生长旺盛的新枝处。常绿型越橘在春季中期至末期进行修剪定型。

荚蒾属（Viburnum）

🌳 落叶型荚蒾无需定期修剪，只需在花期结束后偶尔剪除过密的枝条。春季修剪冬季开花落叶型荚蒾；夏季中期修剪夏季开花落叶型荚蒾；春季疏剪常绿型荚蒾。

荚蒾属

蔓长春花属（Vinca）

长春花

🌳 当植株生长过大时，需在春季早期或中期，在枝条生长前进行缩剪。

毛葡萄（Vitis coignetiae）

五角叶葡萄（橡根藤）

🌿 无需定期修剪。但当植株生长过大或过于繁茂时，需在夏末剪除其老枝，同时剪短幼枝。

锦带花属（Weigela）

🌳 每年，在夏季中期，花期结束后，将花茎缩剪至地面或老茎处，促进新枝的生长，使其在下一年开花。

多花紫藤（Wisteria floribunda）

日本紫藤

🌿 紫藤需要定期修剪，以控制其枝叶生长并促进花的正常生长。冬末，将所有的枝条都缩剪至离它们在上一生长季生长点的2～3个芽以内。当植株过大时，需在夏季中期进行修剪，将当季的新枝缩剪至其基部5～6个芽以内。

紫藤（Wisteria sinensis）

紫藤萝

🌿 修剪方式同多花紫藤。

丝兰属（Yucca）

🌳 无需修剪。

丝兰属

重点图标　乔木　墙面乔木　灌木　墙面灌木　藤蔓植物　竹子

观叶绿篱

绿篱有哪些优点？

绿篱是庭院的重要组成部分，为邻里之间创造了私密空间，减弱了邻街道路带来的嘈杂，并有助于防止动物入侵。此外，它们还具有美化作用，许多绿篱拥有美丽的花朵或绚丽多彩的枝叶，从而创造出迷人的景观。甚至有一些绿篱，如矮灌黄杨（"矮灌"锦熟黄杨），是精致庭院的重要组成部分。

初期修剪

对于所有绿篱来说，促进灌木丛生是非常重要的，这样才能使植株基部长满茎叶。如果绿篱在幼树期不进行修剪，其基部以后将一直光秃秃的，不美观。若在夏末或秋初种植植株，应把初期修剪工作留到第二年春季进行，这是因为夏末或秋末修剪后长出的幼枝随后可能会受到冬季霜冻的破坏。

需要初步修剪的绿篱可分为三组（见下文）。

第三年

第二年

第一年

↗ 为了促进第一组绿篱（常绿型或落叶型）的丛生，初期要进行重度修剪。

↗ 第二年，无需进行太严格的修剪也能促进新枝的生长。

↗ 第三年起，不需要那么彻底的修剪，确保绿篱上有枝叶覆盖。

第1组

栽植后，立即将所有枝条剪至地面以上 15 厘米。

- 锦熟黄杨（黄杨）
- 普通山楂（山楂）
- 卵叶女贞（水蜡树）
- 亮叶忍冬（云南蕊帽忍冬）
- 黑刺李（刺李）
- 白毛核木（白雪果）

第2组

栽植后，立即将所有主枝和长侧枝缩剪三分之一左右。

- 桦叶鹅耳枥（穗子榆）
- 欧榛（榛子）
- "紫叶"大榛
- 欧洲山毛榉（山毛榉）

第3组

不修剪领导枝或主枝，只需修剪杂乱的侧枝。

- 青木（东瀛珊瑚）
- 美国扁柏（劳森花柏）及其变种
- "黄绿"杂扁柏（但只适用于大型庭院，或作为防风林种植）
- 冬青卫矛（大叶黄杨）
- 滨覆瓣梾木
- 沙棘（醋柳）
- 阿耳塔拉冬青
- 地中海冬青（圣诞树）
- 哈氏榄叶菊（新西兰雏菊木）
- 薄叶海桐
- 美国桂樱（桂樱）
- 葡萄牙月桂树（葡萄牙桂樱）
- 欧洲红豆杉（紫杉）
- 北美乔柏
- 荆豆（荆豆花）

青木绿篱的翻新修剪

春季，可将生长过大和生长过密的绿篱修剪至约 60 厘米高，虽然最初看起来不美观，但很快就会开始长出漂亮的嫩枝。

成形常绿绿篱修剪方式大全

花叶青木
洒金东瀛珊瑚 / 金粉东瀛珊瑚

　　成形的绿篱一般无需修剪，但需在春季用修枝剪将老茎和受冻害的茎剪除。

狭叶小檗
　　拱形茎的不规则灌木无需定期修剪，只需在花期结束后修剪大型绿篱。

"矮灌"锦熟黄杨
饰边黄杨（瓜子黄杨）

　　夏末或秋初，使用绿篱修枝剪进行修剪。

冬青卫矛
　　娇嫩的常绿灌木，密叶。春季中期，使用修枝剪对其进行造型修剪。如果想让它的外形更整齐，可在夏季使用绿篱修枝剪进行修剪。

滨覆瓣栌木
　　沿海地区适合种植具有迷人枝叶的绿篱。在夏季初期或中期，使用修枝剪对其进行修剪。

"乳心白"滨覆瓣栌木
　　修剪方式同滨覆瓣栌木，但无需重度修剪。

阿耳塔拉冬青
　　春季中期，使用修枝剪剪除其长枝，并修整树形。

地中海冬青
圣诞树 / 枸骨叶冬青

　　修剪方式同阿耳塔拉冬青。

> ## 冬青（槲寄生）的翻新修剪
> 　　春季，对于疏于打理的冬青，需剪除其枝茎，植株基部将会长出新枝。

卵叶女贞
水蜡树

　　绿篱成形后，可在夏季使用绿篱修枝剪进行数次修剪。

"花叶"卵叶女贞
黄边卵叶女贞

　　"花叶"卵叶女贞的生命力不及全绿型卵叶女贞，因此，在其早期需要稍加修剪。一旦长成，

修剪方式同卵叶女贞。

亮叶忍冬
云南蕊帽忍冬

　　栽植后的第一年，需将每棵植株缩剪一半；第二年，需对新枝进行数次修剪；接下来的几年，需将所有的新枝缩剪一半。

"金叶"（"匹格森黄金"）亮叶忍冬
　　"金叶"亮叶忍冬的生命力不及全绿型的亮叶忍冬，因此，在最初的几年需要多加修剪。

薄叶海桐
　　春季中期和夏季中期，使用绿篱修枝剪修剪成形的绿篱。

美国桂樱
桂樱 / 月桂

　　春末或夏末，用修枝剪缩剪长枝。另外，大型绿篱需在春季进行重度缩剪。

葡萄牙月桂树
葡萄牙桂樱

　　修剪方式同美国桂樱。

成形落叶绿篱的修剪

"矮紫"日本小檗（低矮紫叶小檗）
　　矮小的小檗属植物，叶多，呈紫红色。冬季使用修枝剪修剪树形。

桦叶鹅耳枥
欧洲千金榆 / 欧洲鹅耳枥

　　适合塑造大型绿篱，需在夏季中期用绿篱修枝剪对植株进行修剪，稍微修剪新枝，但对已长成的绿篱要进行重度修剪。

欧洲山毛榉
山毛榉

　　成形后，在夏季中期或末期用绿篱修枝剪或电动绿篱修剪机修剪绿篱。

绿篱的树冠塑形

平顶形

圆顶形

尖顶形

　　所有的绿篱，无论树冠的形状如何，都应该进行修剪，确保其基部比树冠宽，使阳光可以照射到较低的枝条。通常，修剪得完全垂直的绿篱，其基部会被树冠遮挡，导致基部枝叶脱落，根茎明显。

花篱（观花绿篱）

大多数在春季开花的绿篱可以在夏初花期结束后立即修剪，对于夏末或秋初开花的绿篱，可留到来年春季再修剪。庭院中有许多大小各异、绚丽多姿的花篱，本节将对其进行归类总结。其中一些是大型的，占主导地位；而其他的，如薰衣草，树型相对较小，非常适合在庭院中塑造花篱。

花篱修剪方式大全

修剪花篱的难度不亚于养护花坛中的观花灌木。但是，在正确的时间完成这项工作是至关重要的。

以下是正确修剪花篱所需的基本信息。

达尔文小檗

美观的常绿灌木可形成迷人的绿篱。夏初花期结束后，用修枝剪缩剪长茎，形成粗细和形状均一的绿篱。

狭叶小檗

这种大型，蔓生，常绿杂种树篱的修剪方式同达尔文小檗。

乳白花枸子（团花枸子）

生长旺盛的常绿灌木，在花期结束后，立即用修枝剪剪去长枝。同时，将当季的枝条缩剪至果实生长的位置。

乳白花枸子（团花枸子）

西蒙氏枸子

直立半常绿灌木，常用于塑造成不规则的绿篱。冬末春初用修枝剪将长枝剪除。

单子山楂

山楂 / 山里果 / 红果

耐寒的落叶乔木型山楂，可形成迷人的田园风绿篱。花期结束后至冬末，可用绿篱修枝剪进行修剪。

单子山楂

南美鼠刺属

绿篱成形后，在花期结束后，重度缩剪其枝条。然而，只需稍微修剪一下花茎，就可以促进绿篱上开出更多的花。

短筒倒挂金钟

吊钟海棠

通常作为不规则绿篱种植在气候温和的沿海地区的遮蔽处。每年春季，将所有茎剪至地面，促进其幼枝的生长。

薰衣草

英国薰衣草

别名穗薰衣草或穗衣薰衣草。在栽植后进行植株短截，以促进灌木丛生；春季早期或中期，用绿篱修枝剪将长成的绿篱修剪定型。当绿篱的枝条蔓生时，要对其进行更严格的修剪。

薰衣草

哈氏榄叶菊

雏菊木

春季中期用修枝剪剪除枯枝，同时缩剪长枝，使绿篱形成不规则的轮廓。

哈氏榄叶菊

金露梅

金腊梅（灌木委陵菜）

花期结束后，用修枝剪短截枝条，并剪除蔓生枝。

花篱修剪方式大全（续）

矮紫叶李
紫叶矮樱

树长成后，需在春末花期结束后用修枝剪为绿篱修剪定型。

矮紫叶李

薄叶火棘（罗氏火棘）
救军粮

栽植后，立即用修枝剪将植株缩剪一半；在接下来的夏季，将幼枝缩剪约15厘米。在第二年以这种方式再次修剪幼枝。绿篱成形后，在夏初进行修剪。

薄叶火棘（罗氏火棘）

黄香杜鹃

无需定期修剪，只需在花期结束后尽快剪除交叉枝和枯枝。

迷迭香

春初，使用修枝剪将枯枝、错位的枝条和蔓生枝剪除。

迷迭香

"白篱" 白毛核木
白雪果

冬季，疏剪过度生长的绿篱；夏季，用修枝剪将已长成的绿篱进行修剪整形。

"白篱" 白毛核木

多枝柽柳
柽柳

别名五蕊柽柳。在气候温和的沿海地区，多枝柽柳是塑造不规则绿篱的理想之选。初期的修剪对于塑造枝叶繁茂的绿篱是至关重要的。

将新栽植的植株修剪至30厘米高；之后，当侧枝长到15厘米时，用修枝剪进行短截。绿篱成形后，在冬末春初用修枝剪将上一季的嫩枝缩剪至距离其萌芽处15厘米以内。

地中海荚蒾
月桂荚蒾

无需定期修剪，只需在春季花期结束后，用修枝剪将枯枝和错位的枝条剪除。

生命力顽强的灌木，从冬初到春季中期，或晚一些，都能展示绚丽的花朵。

针叶树绿篱修剪方式大全

美国扁柏
劳森花柏

常见绿篱式针叶树，品种繁多。绿篱长成后，在夏初或秋初使用绿篱修枝剪或电动绿篱修剪机进行修剪。需限制绿篱的大小时，在所需高度以下15～20厘米处修剪树冠，新枝将会重新覆盖绿篱的树冠。

"黄绿" 杂扁柏
莱兰柏

除非庭院特别大，否则不要考虑种植这种生长迅速的针叶树。它最适合在大庄园里种植，有规模地种植可以形成高大的防风林。夏末秋初，使用绿篱修枝剪或电动绿篱修剪机将绿篱修剪成形；当试图限制其高度时，在所需高度以下30厘米处修剪树冠，之后长出的新枝可形成美观迷人的树冠。

柏木属
"金叶" 大果柏木

此类绿篱可使用绿篱修枝剪或电动绿篱修剪机进行初期修剪。之后，除了限制其高度外，几乎不需要修剪，可在所需高度以下30厘米处修剪树冠。

欧洲红豆杉
紫杉/西洋红豆杉

最好是种植小型品种，当它们高30厘米时，将其生长点剪掉，以促进其丛生。在最初的几年里，剪除生长点是必须的。绿篱成形后，在夏末使用绿篱修枝剪或电动绿篱修剪机对其进行修剪。

> **警告**
> 请勿将此类有毒性的绿篱种植在动物能接触到的地方。

北美香柏
金钟柏

在夏末使用绿篱修枝剪或电动绿篱修剪机修剪已成形的绿篱。当要限制其高度时，在所需高度以下15～20厘米处修剪树冠。

北美乔柏
西部侧柏

修剪方式同北美香柏。

针叶树

孤植型针叶树需要修剪吗？

针叶树在庭院中总能创造出独特而庄严的景观。一些树种是塑造屏风的理想选择，而另一些树种则可单独或成群地种植在草坪上或花园的尽头，成为引人注目的焦点。在幼树期对针叶树进行检查是必要的，应确保其只有一根主枝，如果有两根，其树形可能会被破坏，尤其是从远处看时更加明显。

常绿针叶树修剪方式大全

大多数针叶树都是常绿植物，给人一种永远绿意盎然的感觉。然而，每年都有新叶长出也有枯叶凋零。随着针叶树的生长，一些较低的枝条就会变得光秃，毫无吸引力，这些枝条应该在靠近树干处剪掉。这种情况在扁柏类针叶树紧密生长时尤为常见。以下是一些常见针叶树的修剪技巧。

冷杉属
银杉

几乎不需要修剪，只需在其幼树期进行检查。春季，剪除两根主枝中的一根。另外，还需剪掉以后可能与主枝竞争的侧枝。

智利南洋杉
猴谜树

无需修剪。有时，较低的树枝会脱落，需检查树干是否受损。

智利南洋杉

香肖楠
北美翠柏

别名加州香杉。无需定期修剪，只需检查是否只有一根主枝，出现两根主枝时剪除一根。修剪工作应在春季进行。

雪松属
雪松

无需定期修剪，只需在早期检查是否只有一根主枝，出现两根主枝时剪除其中一根。当必须剪掉大枝时，应在冬末或春初进行修剪。

柳杉属
日本柳杉

无需定期修剪，只需确保植株没有两根主枝，若有两根则剪除一根。修剪工作应在春季进行。

"黄绿"杂扁柏
莱兰柏

无需定期修剪，只需检查植株是否有两根主枝，若有两根则剪除其中一根。修剪工作应在春季进行。

"黄绿"杂扁柏

柏木属
扁柏

无需定期修剪，只需确保植株只有一根主枝，若有两根则剪除其中一根。修剪工作应在春季进行。

柏木属

刺柏属
刺柏

无需定期修剪，只需保证植株只有一根主枝。必要时，在春季修剪。

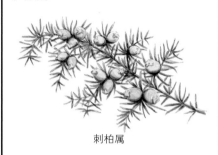
刺柏属

云杉属
云杉木

无需定期修剪，只需保证只有一根主枝，一旦发现两根主枝，立即剪掉其中一根。

云杉属

松属
松木

无需修剪，只需保证只有一根主枝。如果主枝受损，应剪除了主枝以下生长最强的枝条外的所有枝条。发现问题后，应尽快进行修剪。

常绿针叶树修剪方式大全

红豆杉属
紫杉

无需定期修剪，只需剪除树干上出现的一簇簇徒长枝。此工作随时可以进行。

崖柏属
四川侧柏

无需定期修剪，只需确保只有一根主枝，在春季剪掉主枝以外的所有枝条。

罗汉柏
蜈蚣柏

丛生型罗汉柏无需修剪，但如果有长成孤植树的迹象，可在春季早期或中期剪除较低的树枝。

罗汉柏

铁杉属
华铁杉

无需定期修剪，只需检查植株是否只有一根主枝。修剪工作一般在春季进行。

落叶针叶树修剪方式大全

落叶针叶树，春季长出新叶，秋季落叶，它们比常绿树品种少。

银杏
白果树

这种独特的针叶树不喜修剪，被修剪的枝条很可能会枯萎。它们的不规则树形是华丽的针叶树的魅力之一，很吸人眼球。

落叶松属
黄花松

无需定期修剪，只需检查是否只有一根主枝，当发现有一根以上主枝时应尽快剪除。

水杉
水桫

无需定期修剪，只需检查是否只有一根主枝。偶尔，主枝会因严重的霜冻而受损，如果发生这种情况，在春季中期将其修缩剪至下方强壮的枝条处。

落羽杉
沼泽柏 / 秃柏（落羽松）

无需定期修剪，只需检查是否只有一根主枝，当发现有一根以上主枝时应尽快剪除。对称的树形是这种独特针叶树的魅力之一。

棕树的修剪

在温带气候下，最常见的棕树是棕榈（拼榈），它在温暖、有遮挡的庭院中营造出一种亚热带风情。它也被称为扇棕，它的叶子像手掌一样，通常超过 90 厘米宽，生长在 90 厘米长的枝茎上。这种棕榈树无需修剪，只需剪除受损的叶子。注意不要影响和破坏覆盖在树干上坚硬的、深色的粗纤维，这些纤维是它的叶鞘纤维。

欧洲矮棕（欧洲扇棕）有时生长在温带气候地区的温暖、有遮蔽处。然而，它更适合生长在舒适的地中海气候地区。与棕榈一样，它也无需定期修剪，只需剪掉枯萎和受损的叶子。

针叶树与固定桩

实际上，针叶树是自承式树种，但在其生长初期，一根坚固的垂直式固定桩可以确保其直立生长，且以后无需进行矫正修剪。在准备好栽植位置后，将一根坚硬的木桩敲入地面，使其底部在土壤中约 45 厘米，顶部高于土壤 60～75 厘米，但实际以针叶树的高度为参考。调整针叶树的位置，使固定桩位于迎风侧，以免风将树干吹到固定桩上导致二者相互摩擦，使用专业的绑枝带将树干固定在木桩上。

在成熟的针叶树易被吹倒的地方，需使用倾斜式固定桩。将固定桩敲入土壤中，使其顶部对准盛行风来向，顶部与树干交叉，用绑枝带将二者固定好。

倾斜式固定桩易安装，但如果针叶树作为孤植树种植在草坪上，那么在靠近树干处修剪草坪会很费事。

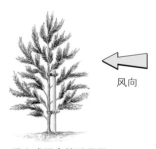

风向

垂直式固定桩适用于新栽的树。

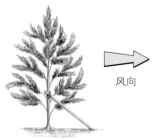

风向

倾斜式固定桩是替代断桩的理想之选。

植物拱门和隧道

拱门和隧道在庭院中既引人注目又具有实用性，一旦成形，便几乎不需要打理。拱门穿过由落叶山毛榉或常绿紫杉组成的绿篱，为庭院创造了一个意想不到的入口；隧道上点缀着拱形观花乔木（如金链花）和藤蔓植物（如紫藤），显示着隧道尽头之后的事物充满了神秘，令人期待。

种植品种的筛选

有几种植物可以用于装饰拱门和隧道，包括拉金链花（毒豆），它在春末夏初会开出大量的黄色花朵。观花藤蔓植物和打理有加的果树也可以很好地装饰拱门和隧道。藤蔓月季也是一种不错的选择，但需确保其不会刺伤人。沿着小路的中央铺设一条连续的砖路，并在其两侧铺上砾石，如果太靠近荆棘丛生的茎，就能起到一定的提示作用。

如何打造金链花隧道?

↑ 金链花在春末夏初开花。如图，小叶的矮灌型金链花在拱门下形成了小型绿篱。

在小道上方建造一条金属或木质隧道，也可用现成的隧道，宽度从 1.5 ～ 4.8 米不等。较宽和较高的隧道最适合种植金链花，其花序可悬挂 30 厘米长。理想情况下，可选择一个宽约 3.6 米，高约 2.4 米的隧道。首先，在拱门的各个角落种植一株 1.2 米高的"沃斯"瓦氏金链花，与其他植物间隔约为 2.4 米。初期，应把根茎直立扶正，同时使侧枝沿着隧道支架生长。

金链花的短枝修剪效果好。冬季，修剪拱门向内或向外生长的枝条，缩剪至 3 个芽处；当侧枝长满指定空间时，将其缩剪，并将直立主枝固定在拱门上定型。此外，还要剪除受损和脆弱的枝条，当枝条在拱棚顶部横向生长时，尤其能促进花朵的生长。

→ 即使在冬季，当植株变得光秃时，在阳光照耀下成为焦点的树皮也使隧道充满魅力。修剪工作应在冬季进行。

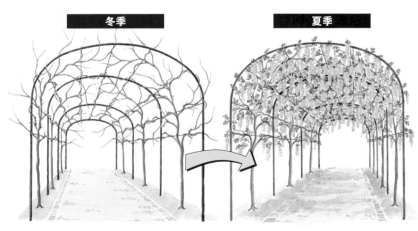

冬季　　　**夏季**

← 夏季，隧道里满是一簇簇下垂的、略带芬芳的黄花。金链花隧道对所有庭院来说都是宝贵的财富。

打造梨和苹果隧道

　　用于梨和苹果隧道的金属拱棚无需像金链花那么大，1.8～2.4 米宽和 2.1～2.4 米高的正好，其栽植和修剪方法同树墙（棚式果树）（详阅第 66～67 页）。仔细地将根茎牢固地固定在拱棚上，注意不要绑得太紧，随着根茎的生长、变粗，需定期检查绑枝带的松紧是否合适并及时调整。

↑ 果树隧道可在春季创造迷人的观花美景，也可在晚些时候结出果实。

果树拱棚

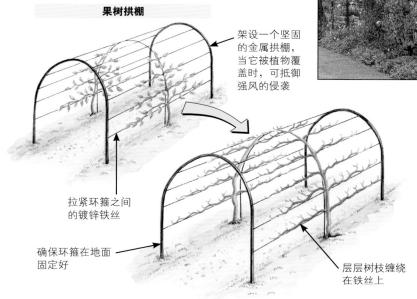

架设一个坚固的金属拱棚，当它被植物覆盖时，可抵御强风的侵袭

拉紧环箍之间的镀锌铁丝

确保环箍在地面固定好

层层树枝缠绕在铁丝上

← 如果条件允许的话，隧道的方向为坐北朝南，确保两边的植株获得相同的阳光，均匀生长。隧道不仅美观，还可分隔庭院的各个区域。

拱形绿篱

→ 顶部扁平的宽拱门初期需用木头或金属线做支撑，但较宽的拱门容易受到大雪的破坏。

顶部扁平的宽拱门

→ 尖顶形拱门非常引人注目，可以给花园带来一种摩尔风情。这是由生长缓慢但枝叶茂密的紫杉打造成的。

尖顶形拱门

→ 由山毛榉轻松打造的圆顶形拱门具有英伦风情，这是个坚固的拱门，可以抵挡冬天的严寒。

圆顶形拱门

树艺编织

　　在行人头部高度处打造编织绿篱的艺术可追溯到几个世纪以前，此编织艺术是将横向的枝茎编成一个交错的屏障。通常选用欧洲椴（捷克椴），但它易长蚜虫，导致黏性的蜜露滴落在地面，美绿椴（高加索椴 / 克罗米亚椴）可替换欧洲椴。穗子榆、山毛榉和紫杉也可用这种方式进行定型。

栽植初期

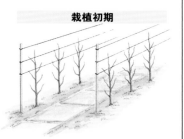

将单独的植株分成两行种植

植株修剪

在头部高度处修剪成两行绿篱

　　将乔木分两行种植，中间相距 2.4～3 米，树与树的间距为 3.6～4.5 米。一旦乔木长到 3～3.6 米高，剪掉底部的枝条，并沿着坚固的铁丝固定上部的枝条。在秋季或冬季修剪支架上的树枝。

林木造型艺术

林木造型艺术难吗?

早在 2000 多年前,罗马人就掌握了林木造型艺术,当时的罗马人用扁柏修成航海和狩猎的场景,用修剪后的黄杨来拼写名字。后来,林木造型艺术开始在欧洲流行起来,塑造了各类规则的球体、立方体和锥体,以及不规则的动物造型。无论是豪宅还是农家庭院,都喜欢借鉴林木造型艺术。林木造型并不困难,但需要几年的时间和定期修剪才能创造其迷人的风采。

规规矩矩还是趣味十足?

规则的林木造型	不规则的林木造型
对称的几何图形	动物造型

分层柱体 分层锥体 球体 锥体 螺旋体

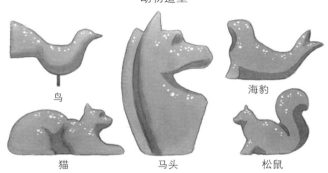

鸟 海豹 猫 马头 松鼠

林木造型对花园的氛围有着直接的影响:规则的几何树形,如锥体、柱体、立方体、分层锥体、螺旋体和球体,给庭院营造出庄严肃穆之感;而动物造型则为庭院增添了一丝悠闲的趣味性。通常,许多农家庭院会将黄杨修剪成动物造型,从庭院边侧或庭院外看去,这些景观仍然引人注目。

充满趣味的林木造型需要几年时间来塑造。上图的"绿色雕塑"被豆砾石环绕。

植物的品种

在 16 世纪的英国,海石竹、海索草、薰衣草、石蚕和百里香等植物被用于林木造型,还有黄杨等更传统的木本植物。如今,许多类型的灌木和乔木,包括针叶树,都可用来做树木造型,包括以下几种。

- "矮灌" 锦熟黄杨(黄杨)
- 大果柏(金冠柏)
- 地中海柏木(意大利柏)
- 地中海冬青(圣诞树)
- 月桂(香叶)
- 亮叶忍冬(云南蕊帽忍冬)
- 香桃木(银香梅)
- 狭叶总序桂
- 欧洲红豆杉(紫杉)
- 北美乔柏(西部侧柏)

入门

林木造型是一门需要耐心和专注的艺术,因为即使是最简单的造型,也可能需要花费数年才能修剪出可辨认的形状。当使用亮叶忍冬(云南蕊帽忍冬)或"矮灌"锦熟黄杨(黄杨)时,修剪一个简单的盒子形状可能需要 3 ～ 4 年的时间,而用欧洲红豆杉(紫杉)修剪同样的形状和大小的盒子造型可能需要至少两倍甚至更多的时间。

在开始进行树木造型时,不要好高骛远,如果能修剪好简单的锥体造型,将会比修剪出一个像花栗鼠或袋鼠的兔子更令人满意!

锥体造型

　　锥体虽然是简单的造型，但完美地修剪后，无论是直接种在庭院还是种在木桶或花盆中，都能创造出令人称赞的景观。塑造锥体造型最简单的方法是买一株已经长成的"矮灌"锦熟黄杨（黄杨），并在几个季节内将其修剪成形。没错，锥体造型的修剪整形需要几个季节。

　　第一步是用修枝剪修剪植株的形状；到了第二年，它将长出许多新枝，在这个阶段，使用 3～4 根长竿在植株周围围成棚屋状是非常有用的，这样可以为灌木的剪枝角度提供参考。使用修枝剪将枝茎修剪成形，来年，锥体的形状就出来了，可在夏季使用绿篱修枝剪对其进行多次修剪。

将直竿在植株顶端固定好

仔细修剪新枝

修剪新枝

1 买一株成熟的黄杨，用修枝剪将植株塑造成一个近似锥体的形状。如果自己觉得使用绿篱修枝剪更方便的话，也可以使用。

2 第二年，用 3～4 根直竿围成锥体形状，用铁丝固定确保直杆固定牢靠。

3 使用锋利的绿篱修枝剪仔细地将植株修剪成锥体，可能需要多修剪几次。

鸟类造型

　　首先修剪一个锥体，其顶部保留一簇未修剪的新枝。"矮灌"锦熟黄杨（黄杨）和亮叶忍冬（云南蕊帽忍冬）等小叶灌木是最佳选择，将其修剪成两丛均匀强壮的枝条，一丛作为鸟的尾巴，一丛作为鸟的身体和头部。

　　将一根结实的竹竿垂直插入锥体的中心并穿入地面，使其顶部正好低于锥体的顶部；在此基础上连接一个铁丝架，围着此支架修剪便能塑造出鸟的形状。取一段粗铁丝，约 75 厘米长，绕成一个环，形成鸟的尾巴和身体部分；取另一段铁丝，约 45 厘米长，并绕成一个直径约 7.5 厘米且与其铁丝主体成直角的环，然后，稍微弯曲一下，将其固定在竹竿上形成鸟的头部，并应低于形成尾巴的铁丝顶部约 10 厘米。

　　将枝条固定在铁丝架上。此后，需定期修剪新枝（无需修剪主枝），以促进植株丛生。

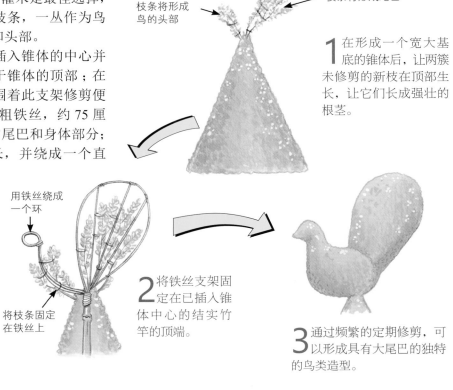

枝条将形成鸟的头部

枝条将形成尾巴

1 在形成一个宽大基底的锥体后，让两簇未修剪的新枝在顶部生长，让它们长成强壮的根茎。

用铁丝绕成一个环

将枝条固定在铁丝上

2 将铁丝支架固定在已插入锥体中心的结实竹竿的顶端。

3 通过频繁的定期修剪，可以形成具有大尾巴的独特的鸟类造型。

月季

月季是落叶灌木，每年都需要修剪，以促进花朵的正常生长，保持植株健康和长寿。所有的月季都需要修剪，无论是灌丛型、藤蔓型还是蔓性月季，杂种茶香月季（大花月季）和丰花月季（聚花月季）是最常见的灌丛月季。虽然人们认为月季的修剪充满了神秘感，但实际上它非常简单。

修剪哲学之灌丛月季

杂种茶香月季和丰花月季会在同一季节较早生长的花枝上开出最好的花朵。灌丛月季每年的花枝大小和数量受修剪程度的影响。例如，枝条沿着其长度修剪地越靠近基部，之后产生的新枝就越少，但它们会更加强壮。

剪除枝条的轻重程度需要考虑到品种的活力、土壤的肥力、花期（是否需要进行花园展示或展览），以及灌丛的树龄。随着灌丛月季树龄的增长，当重度修剪时，其新枝的生长力就会降低。

"假面舞会"月季是一种生命力旺盛、枝繁叶茂的丰花月季，花朵刚开放时为黄色，逐渐变为粉色或红色。

杂种茶香月季和丰花月季的修剪

掌握正确的修剪时机非常重要，每个月季种植专家对此都有自己的看法。然而，大家的共识是，成熟的灌丛月季以及秋冬栽植的月季，最好在春初进行修剪，此时正值生长伊始，叶子还未长出。春季栽植的灌丛月季最好在栽植完成后立即修剪。

在空旷地区，特别是新栽植的月季还未完全扎根于土壤中时，冬季经常会受到强风的冲击，使土壤中的根部变得松动。为了防止这种情况发生，在冬初需缩剪长茎的上部；在春季将对这些枝茎进行更严格的修剪。

修剪的严格程度分为轻度、中度和重度。

- 轻度修剪对于生长在轻质砂质土壤中的灌丛月季来说是最理想的，因为这些土壤肥力低，无法为开花质量低的月季提供养分。因此，需要定期给植株浇水，并在其周围覆盖分解良好的有机物

半重瓣的"普莉希拉·伯顿"月季（摩纳哥公爵月季）展示了其略带芳香、花心为白色的深红色花朵。它那迷人的复古气息吸引了许多月季爱好者。

质，如花园堆肥或农家粪肥。然后，当灌丛月季生长旺盛时，可以进行更有力的修剪。不过，对于生长旺盛的品种，如"和平"月季，轻度修剪是一种抑制其生长的方法。

- 中度修剪适合大多数生长在中等肥沃土壤中的灌丛月季，但如果杂种茶香月季生长过高且有蔓生迹象，需每隔几个季节就进行一次重度修剪。这是大多数杂种茶香月季和丰花月季的修剪方式。

- 重度修剪是使疏于打理的杂种茶香月季恢复生机的理想之选，但不适用于成熟的丰花月季，因为会使其过度生长。不过，重度修剪可用于修剪量大的生长旺盛的枝条。但是，如果每年都使用这种修剪方式，灌丛的枝茎就会长得又高又细，对于新栽植的灌丛月季和用于展览的杂种茶香月季来说，它们需要长而结实、健康、笔直的枝茎。

修剪步骤

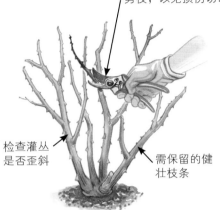

1 首要工作是剪除受损和病变的枝条。通常被剥落或开裂的树皮包围着凹陷的、带紫色或褐色的区域，能轻易地看到枝条的溃疡病。必须将患有溃疡病的枝茎缩剪至感染点以下的健康枝条处。

使用锋利的修枝剪干净利落地剪枝，以免损伤切口

2 剪除以下三类枝条：细弱的枝条，穿过灌丛中心生长得过密的、妨碍通风透光的枝条；相互摩擦的枝条。

检查灌丛是否歪斜

需保留的健壮枝条

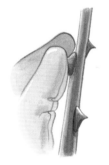

3 还要剪除未成熟的根茎，如果将其留在灌木上，它将会受到恶劣天气的影响。检验根茎是否成熟的方法是折断几根刺，如果它们能干净利落地从茎上折断，说明根茎已成熟；如果它们撕裂或弯曲，则说明根茎未成熟，这时应将根茎缩剪至健壮的老枝处。然后，根据植株的不同情况对其进行不同程度的修剪（见右侧）。

灌丛月季的修剪

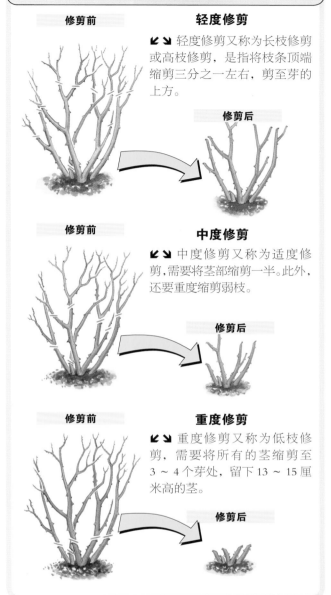

修剪前 **轻度修剪**
轻度修剪又称为长枝修剪或高枝修剪，是指将枝条顶端缩剪三分之一左右，剪至芽的上方。

修剪后

修剪前 **中度修剪**
中度修剪又称为适度修剪，需要将茎部缩剪一半。此外，还要重度缩剪弱枝。

修剪后

修剪前 **重度修剪**
重度修剪又称为低枝修剪，需要将所有的茎缩剪至3～4个芽处，留下13～15厘米高的茎。

修剪后

摘除枯花与疏芽

如果任其留下，枯花将助长病害发生

修剪至叶节上方

将花芽和它的茎侧向弯曲

不要损坏主干

除了定期修剪，还有其他两种技术用于改善花的质量和大小——摘除枯花与疏芽。摘除枯花（见左上图）：剪除所有的枯花，将茎剪至叶节以上，需使用剪得干净利落的锋利修枝剪进行修剪。疏芽（见右上图）：许多杂种茶香月季的枝茎都有一个以上的花芽，为了长出硕大的展览型花冠，需剪除较小的侧芽，疏芽时要握住其茎部。

正确的切口

切口与幼芽的位置必须正确。如果太高，会促使枝梢枯萎；如果太低，可能会损坏幼芽。完美的切口是在幼芽上方约6毫米处，并稍微倾斜。

错误的修剪

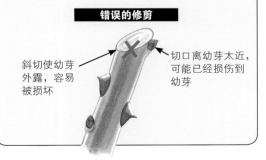

斜切使幼芽外露，容易被损坏

切口离幼芽太近，可能已经损伤到幼芽

矮生丰花月季与微型月季

矮生丰花月季和微型月季的大小不同，很少有微型月季的高度能超过 38 厘米）。矮生丰花月季也被称为矮灌丰花月季，较大，通常高 45 ～ 60 厘米，少数只达到 38 厘米高。这两类月季的修剪方式同杂种茶香月季，但它们的枝条更细。本节将介绍关于它们的修剪细节，不过它们一般不需要修剪。

微型月季的修剪

在气候温和的地区，可在秋季进行修剪；在整个冬季天气寒冷且有霜冻的地区，可将修剪工作留到冬末进行。但是，如果修剪推迟到冬末，需在秋末剪掉一些顶部的枝条，这样就可以减少植株受到强风冲击的面积。

首先，剪除病枝和损伤的枝条；然后，剪除细枝并且将旺盛的枝条缩剪一半左右；确保灌木中心的枝茎不过于密集。修剪非常小的品种时，使用锋利的剪刀比修枝剪更加便利。

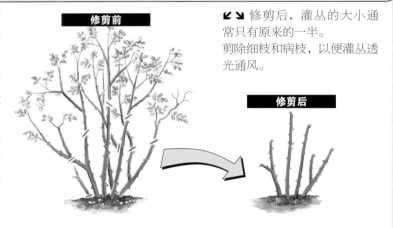

↙↘ 修剪后，灌丛的大小通常只有原来的一半。
剪除细枝和病枝，以便灌丛透光通风。

修剪前

修剪后

矮生丰花月季的修剪

"甜梦" 月季非常适合在庭院旁种植。

这些低矮生长的丰花月季的修剪方式同微型月季。如果冬季天气恶劣，可以留到冬末再修剪；但是，在多风地区，需在冬末修剪前先在秋季修剪掉一些枝条，以减少植株的受风面，从而降低其在土壤中疏松的风险。

矮生丰花月季无需像丰花月季那样重度修剪，因为重度修剪在促进一些健壮枝茎生长的，会减少花朵的数量。

地被月季的修剪

地被月季株形伸展，枝条缠绕，可以用来覆盖土壤表面。然而，它们并不能完全覆盖土壤，因此无法抑制杂草的生长。尽管如此，它们依然能够创造迷人的景观。附带说一下，"赫特福特谢尔"蔷薇也可种

缩剪至一个向上生长的芽处

↗ 使用锋利的修枝剪除影响其他植株的茎。

植在吊篮中，并在庭院中展示。其他地被月季品种有"埃塞克斯"（红粉色）、"格温特"（柠檬黄）、"汉普郡"（亮绯红）和"威尔特郡"（玫瑰粉）。

地被月季几乎不需要修剪，因为它们通常不规则地伸展蔓生。然而，当它们影响到其他植株时，需在冬末进行修剪，将根茎缩剪至向上的芽处。如果植株比较直立且如同灌木，那么修剪方式同灌丛月季，需经常摘除枯花（详阅第 53 页），促进花朵更加繁茂地生长。

月季花篱

　　修剪月季花篱通常没什么难度，可栽植的月季种类繁多，有"伊丽莎白女王"丰花月季、玫瑰、麝香月季及微型月季。大型花篱需要生长空间，所以不要将它们种植在靠近庭院边界的地方，因为它们总是会蔓生至小路和人行道上。修剪只是为了限制花篱的大小，但也意味着减少开花数量，所以可以尝试在路边栽植微型月季。

修剪月季花篱难吗?

月季花篱的栽植与修剪

第一年的春初

缩剪至芽上方

↗ 春初，将所有的茎修剪至距离地面10 ～ 15 厘米以内，以促进灌木丛生，形成茂密的基部。

第二年的冬末

使用锋利的修枝剪

↗ 修剪程度低于第一个春季的修剪。

↙↓ 如果在花篱的幼树期疏于根本性的修剪，它将形成光秃秃的基部，失去吸引力。这是令人失望的，而且它也无法美化你的庭院。即使在后期进行彻底的修剪，也无法形成茂密的基部。

未来几年

↓ 修剪成型的花篱。

剪除过密的枝条 ←　　　→ 强壮的花篱基部

　　冬末到春初，在休眠期内栽植裸根灌丛月季。用于形成花篱的月季的活力决定了它们的栽植距离（见下文）；然而，所有的月季都必须在春初将所有茎剪至距离地面10 ～ 15 厘米以内。如果忽略了这一点，花篱将无法形成茂密的基部。

　　在冬末或第二年的初春，再次稍微修剪根茎。接下来的几年，几乎不需要修剪，只需保持其美观外形，剪除过密的枝茎和枯枝。如果花篱的基部没有枝叶且色彩单调乏味，可将一些枝茎修剪至距离地面30 ～ 45 厘米处。

　　人们常常试图修剪出一个顶部平整的绿篱。对于月季花篱来说，这是不可能的，最好是将其修剪成自然且不规则的花篱，它们应该拥有一个不规则的外形。

小型花篱

　　由微型月季形成的低矮花篱更适合作为庭院内部的分隔线而不是与外部的边界。它们非常适合种植在路旁，以及庭院和其他铺砌区域的边缘。

月季花篱的正确选择

品种的选择取决于所需花篱的高度。

花篱高度	推荐品种
低矮型花篱 75 厘米高，单行种植间距 30 ～ 38 厘米	由微型月季、矮生丰花月季和矮生多花小月季组成，包括"白宠物"（白色，也称为"小白宠物"），"马列娜"（绯红色）和"仙女"（玫瑰粉色）等品种
中等型花篱 75 厘米～ 1.5 米高，单行或双行种植，间距 45 厘米	由"冰山"（白色）和"假面舞会"（黄色、红色和粉色）等品种组成
高大型花篱 1.5 ～ 2.1 米高，单行种植间距 75 ～ 90 厘米	由"幸福"（银粉色）、"佩内洛普"（粉色、杏红色）和"伊丽莎白女王"（粉色）等品种组成

树状月季（月季树）

树状月季的最佳栽植方式是作为花圃的中心装饰，栽植在灌丛月季中，或者是栽植在道路两旁。大型树状月季由于其高度增加，比中型树状月季更适合栽植在灌丛月季中。修剪并不困难，但需定期修剪，确保树冠不会因生长过大而受到强风冲击。杂种茶香月季和丰花月季都可作为大型和中型树状月季种植。

树状月季的种类

最好是直接购买树状月季，而不是自己尝试培植。树状月季的最佳标准是在砧木上长出两个芽，有时是三个芽，从而形成树冠均匀的植株。

- 树状月季在离地面90厘米处嫁接新芽，形成1.5～1.8m高的树冠。
- 中型树状月季在离地面75厘米处嫁接新芽，形成1.3～1.6米高的树冠。
- 垂枝型树状月季在离地面1.3米处嫁接新芽，形成1.5～1.8米高的树冠。

树状月季的品种

除了许多杂种茶香月季和丰花月季可以培植成树状月季，也有其他品种的月季可用来培植。这些品种有现代英国月季（大卫·奥斯汀月季），如"安妮·博林""黄金庆典""格拉汉托马斯""莫林纽克斯""波特梅里恩"和"温彻斯特大教堂"；还有古典月季，如"千叶玫瑰"（"包菜玫瑰"）、"法国蔷薇"和"蒙迪"蔷薇（"变色"药用法国蔷薇）。

"蒙迪"蔷薇（"变色"药用法国蔷薇）培植成了华美的树状月季。

树状月季的栽植与修剪

1 在冬末至早春的休眠期栽植裸根树状月季，并确保用固定桩将其牢固地支撑起来。在冬末或春初，将强壮的茎缩剪至3～5个芽处。

风灾

在无遮蔽的庭院中，风对树状月季的危害最大。如果条件允许，应选择在避风处或风速被绿篱降低的地方栽植树状月季。

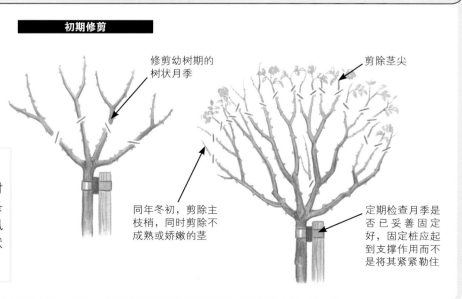

初期修剪

修剪幼树期的树状月季

剪除茎尖

同年冬初，剪除主枝梢，同时剪除不成熟或娇嫩的茎

定期检查月季是否已妥善固定好，固定桩应起到支撑作用而不是将其紧紧勒住

树状月季的栽植与修剪（续）

次年	成熟树状月季的修剪

修剪前

修剪后

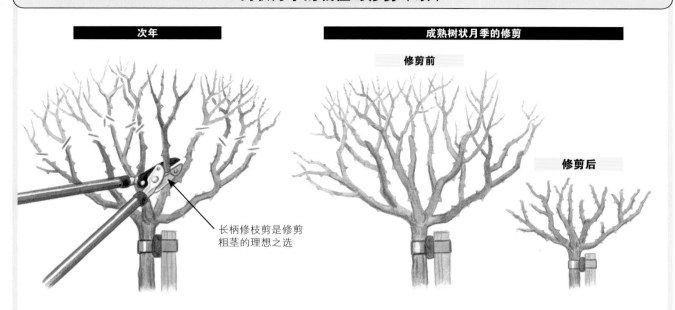

长柄修枝剪是修剪粗茎的理想之选

2 次年冬末，剪除病枝、交叉枝和枯枝。此外，将新枝缩剪至 3 ～ 5 个芽（约 10 ～ 15 厘米）处，其余侧枝缩剪至 2 ～ 4 个芽（约 10 ～ 15 厘米）处。

3 次年冬末，树冠成形。将杂种茶香月季的枝条缩剪至距离其基部 3 ～ 5 个芽（约 15 厘米）处；将丰花月季的一年生枝条缩剪至 6 ～ 8 个芽（约 25 厘米）处，二年生枝条缩剪至 3 ～ 6 个芽（约 15 厘米）处。在月季术语中，这些芽有时被称为"芽眼"。在未来的几年里，继续以同样的方式进行修剪。

结实的固定桩

妥善固定主茎很重要，因为如果没有支撑，枝茎很容易在强风中折断。栽植树状月季时，将固定桩敲入树体迎风面的土壤中，以免枝茎受到强风冲击。固定桩顶部应略低于植株萌芽的位置，用 2 ～ 3 根专门的绑枝带将主茎绑在固定桩上。

定期检查绑枝带是否牢固，保持其牢固的同时，切勿使其太紧而导致磨损

风向

垂枝型树状月季的修剪

垂枝型树状月季就像树状月季的衬裙，因为它们色彩斑斓的花朵如同球状的鲜花挂毯。许多蔓性月季品种被用来打造这种引人注目的景观，如"阿尔伯利克·巴比尔"（奶油色）、"绯红捧花"（红色）、"弗朗索瓦"（橙红色）、"金翅雀"（黄色渐变为白色）和"桑德白蔓"（白色）。

修剪垂枝型树状月季相对简单。初期修剪比较严格，在冬末或春初栽植后，将所有的枝条缩剪至约 15 厘米长，促进健壮枝条的生长。树冠一旦成形，需在秋初剪除当季的花枝，留下新枝在第二年开花。如果没有足够的新枝在第二年开花，留下一些老枝，把它们的侧枝缩剪至 2 ～ 3 个芽处，促进形成更加丰满的树冠。

为了使枝条能够均匀地、一层一层地修剪，可以在树状月季的生长初期阶段在固定桩顶部安装月季支架。这些支架有多种直径可选：60 厘米、75 厘米和 90 厘米。

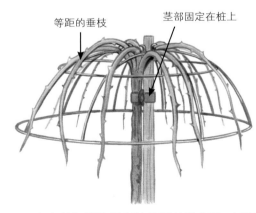

等距的垂枝

茎部固定在桩上

在生长初期阶段安装使用月季支架，可以更容易令植株形成一个形状均匀的垂枝型树冠。

灌丛月季

灌丛月季需要修剪吗?

灌丛月季虽然生长随意,但为了防止其生长过密、保证寿命,需要定期进行修剪。人们通常认为,灌丛月季在没有任何外力帮助的情况下繁殖了几千年,所以不需要修剪。这可能适合其中的一些品种,但不是全部。灌丛月季的修剪方式取决于它的类型。本节将灌丛月季分为 3 组,并对其修剪方式加以说明。

栽植与修剪(第一组)

这一组月季密生、枝细,主要在副侧枝上开花,也有在短侧枝上开花的。一旦成形,它们的基部往往不会产生茂盛的枝条。这类月季包括:

- 杂种麝香,大型花序
- 法国蔷薇(法国玫瑰)
- 茴芹叶蔷薇(苏格兰蔷薇 / 伯内特蔷薇)及其杂交种
- 玫瑰(皱叶蔷薇 / 浜茄子)及其杂交种
- 原种蔷薇(非藤蔓月季)及其近交系杂种

在休眠期作为裸根植物栽植时,需剪除受损的根,剪短未成熟的嫩枝。第一年,要在冬季剪除病弱枝条。

1 在冬末或第二年春初,剪除从植株基部长出的位置不好的枝条,同时还要截短旺盛枝茎;夏季进入花期,待花期结束后,立即剪除枯花和瘦弱的枝条。

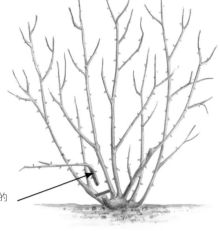

剪除位置不好的枝条

缩剪侧枝

剪除基部老茎

2 第三年及之后的几年,需在冬末春初缩剪侧枝。同时,剪除其基部 1 ~ 2 根老枝。

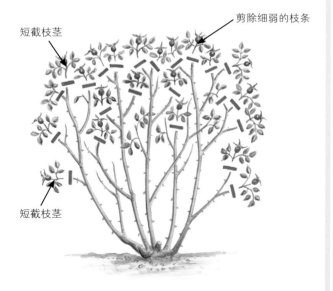

短截枝茎

剪除细弱的枝条

短截枝茎

3 每年秋季,短截枝条,促进侧枝的生长,这些侧枝是来年的主要花枝。此外,还要剪除细弱的枝条和其基部的一些老枝。

栽植与修剪（第二组）

这一组月季主要是在短侧枝及二年生或更久的老枝上长出的副侧枝上开花。这类月季包括：

- 现代灌丛月季中不具重复开花的品种，花期集中在夏季中期
- 苔蔷薇
- 大多数突厥蔷薇（大马士革玫瑰）
- 白蔷薇
- 百叶蔷薇（普罗旺斯玫瑰）及其变种

在休眠期作为裸根植株栽植时，需剪除受损的根，剪短未成熟的嫩枝。第一年，需在冬季剪除所有病枝和细枝。

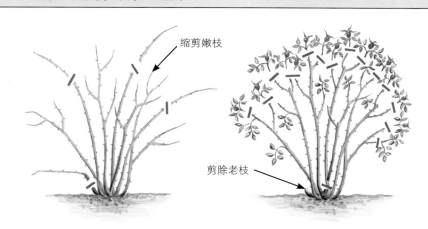

缩剪嫩枝

剪除老枝

1 在冬末或第二年春初，将植株基部生长的嫩枝缩剪三分之一左右，同时剪去位置不好的枝条，并将侧枝缩剪至 2～3 个芽处。来年夏季，会在缩剪过的侧枝上开花。秋季，短截过长的枝茎。

2 冬末春初及随后几年，需将从地面长出的新枝全部缩剪三分之一。同时将花枝上的侧枝缩剪至距其基部 2～3 个芽处，并剪除少数老枝，使植株透光通风。同年秋季，短截过长的枝茎。

栽植与修剪（第三组）

这一组月季的开花性质与第二组相似，但略有不同。它们几乎都是周期性开花，贯穿整个夏季和秋季，在当季的花枝上及侧枝和副侧枝上开花。另外，它们经常从基部或稍高处的强壮根茎上生出长枝。这类月季包括：

- 旺盛的杂种长春月季和杂种茶香月季；
- 大多数现代灌丛月季，除了第二组提及的品种；
- 大多数中国月季。

在休眠期作为裸根植株栽植时，需剪除受损的根，剪短未成熟的嫩枝。第一年，需在冬季剪除细枝。

缩剪长枝

剪除枯花

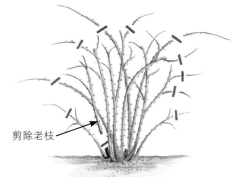

剪除老枝

1 冬末或第二年春初，将从灌丛基部长出的过长枝条缩剪三分之一左右，缩剪上一季花枝上的侧枝至距基部 2～3 个芽处，同时还要完全剪除细弱的枝条。

2 夏季，灌丛月季进入花期，需在夏末或秋初剪除枯花；秋末，短截长枝。

3 在未来几年的冬末春初，将从灌丛基部长出的长枝缩剪三分之一左右；将上一年开花的侧枝缩剪至 2～3 个芽处。此外，需彻底剪除弱枝和蔓生枝；夏末或秋初，剪去枯花；秋末，短截长枝。

藤蔓月季

修剪藤蔓月季难吗？

藤蔓月季的修剪方式是由其类型决定的。通常，藤蔓月季的枝条会形成一个永久或半永久的框架，并且在侧枝开花，这些侧枝在春夏生长，并在同一年开花。藤蔓月季有几种类型，根据修剪方式可分为2组，具体情况见下文。

藤蔓月季的来源

藤蔓月季的来源有几种：有些是原种藤蔓月季，少数是杂种茶香月季或丰花月季的变种（自然变化），而另一些的血统则更为复杂。藤蔓月季是传统的月季，可在夏季装饰墙体。它们无法自给自足，需要一个可以依附的支架，为确保支架与墙体之间固定良好，可使用结实的"固定装置"。

"梅格"杂种茶香藤蔓月季特色鲜明，杏色和粉色的花朵交相辉映。它生长随意，最适合沿着老墙藤蔓。

修剪群组品种分类

第一组
品种包括：
- "加西诺（俱乐部/乐园）"（淡黄色）
- 藤本"状元红（红绒）"（深红色）
- 藤本"御用马车"（深红色）
- "西班牙美女"（粉色、渐变红）
- "美人鱼"（樱草色）
- "御用马车"（猩红色）

第二组
品种包括：
- "阿罗哈"（玫粉色）
- "至高无上"（红色）
- "班特里湾"（玫粉色）
- "灵魂（生命之息）"（杏色）

- 藤本"塞西尔布伦纳"（贝壳粉色）
- 藤本"朱墨双辉"（绯红色）
- 藤本"冰山"（白色）
- 藤本"西尔维娅夫人"（淡粉色）
- 藤本"假面舞会"（黄色渐变为粉色和红色）
- 藤本"锦阳（麦克里迪夫人/山姆麦格瑞迪）"（铜橙色）
- 藤本"超级明星"（朱红色）
- "怜悯"（粉色、杏黄色复色）
- "坛寺的火灯"（猩红色）

- "多特蒙德"（红色、白色花心）
- "戈尔韦湾"（粉色）
- "第戎的荣耀（亮重台）"（淡黄色）
- "黄金雨"（金黄色）
- "几内亚"月季（深红色）
- "亨德尔"（奶油色、粉色边缘）
- "高原"（淡黄色）
- "莱沃库森"（淡黄色）
- "卡里埃夫人"（白色、略带粉色）
- "麦金"（古铜黄色）
- "梅格"（粉色、杏色底）
- "黎明宝石"（粉色）
- "四季粉"（玫粉色）

- "红斗篷月季"（深玫粉色）
- "皇家黄金"（深黄色）
- "女高中生"（杏黄色）
- "天鹅湖"（白色、淡粉色）
- "白花结（白帽）"（白色）
- "择飞铃岛音（和风/无刺）"（洋红色）

无法辨别的藤蔓月季

有的藤蔓月季可能不在此列表中，如果它主要在侧枝上开花，则将其视为第一组月季。

修剪新栽植的藤蔓月季

在冬末至春初的休眠期，栽植裸根的孤植树型藤蔓月季。春季，剪除枯枝，特别是受冻害的茎尖；将茎部固定在支架上，免受风雨破坏；确保茎部被牢固地支撑，但不要勒得太紧。栽种后，不要急于剪除根茎，与蔓性月季不同（初期需彻底修剪），藤蔓月季上的根茎是不需要修剪的。秋季，需用锋利的修枝剪剪除枯花。

选种

一旦将藤蔓月季的枝茎固定在支架上，它们会形成永久的框架，比起蔓性月季，它更难以移除更换其他品种。因此，栽种前一定要慎重挑选合适的品种，有许多合适的品种可供选择，详阅上一页。

修剪（第一组）

在冬末或春初修剪已成形的月季，除了剪除枯萎的枝条和枝梢外，几乎不需要过多修剪；另外，需将上一年开花的侧枝缩剪至 7.5 厘米左右的长度。

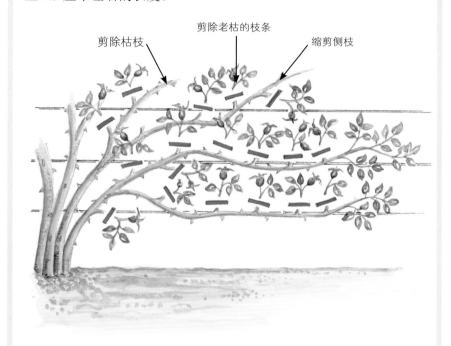

剪除枯枝　　剪除老枯的枝条　　缩剪侧枝

↗ 修剪比较简单，上面的图展示了如何修剪第一组的藤蔓月季。尽管如此，它还是保证了花朵的正常长势。

修剪（第二组）

在冬末或春初修剪成形的月季，只需稍微修剪（修剪程度小于第一组）；剪除枯萎的枝条和枝梢，侧枝无需修剪。

→ 为了保持藤蔓月季一年四季有规律地开花，每年的修剪是必不可少的。

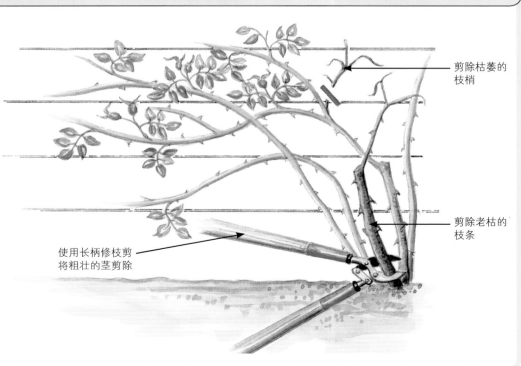

剪除枯萎的枝梢

剪除老枯的枝条

使用长柄修枝剪将粗壮的茎剪除

蔓性月季

蔓性月季需要重度修剪吗？

新栽植的蔓性月季需彻底修剪枝茎。这是因为，与藤蔓月季不同，蔓性月季的根茎长而柔韧，无法形成永久的框架。它们在前一年生长的枝条上开花，这决定了其基本的修剪技术：一旦花期结束，需剪除这些侧枝。为了进行精细的修剪，将蔓性月季分为 3 组，每组详细的修剪方法见下文。

蔓性月季的来源

蔓性月季的来源有几种：杂交多花蔷薇（杂种野蔷薇），小花簇生，花枝健壮；常绿蔷薇，姿态雅致，花茎纤长强壮，小花，呈花束状；杂交光叶蔷薇涵盖了大多数蔓性月季，大花，呈优雅的花束状。除了以上分类外，还有其他优质的蔓性月季，包括木香花和布尔索蔷薇。

这些蔓性月季都无法独自直立生长，因此都需要安装藤蔓支架。

蔓性月季的栽植与修剪

秋末至冬末栽植裸根蔓性月季。有时，苗圃在发货前已将根茎剪短；但是，在栽植之前，要将所有的枝条剪至 23 ～ 38 厘米长，同时缩剪受损和粗大的根部。栽种时要比之前稍深一些，并夯实根部及其周围松散的土壤。春季，新枝从枝梢长出，之后开满色彩艳丽的花朵。

蔓性月季"美国支柱"，赏心悦目，色彩缤纷。

修剪群组品种分类

第一组
品种包括：
- "美国支柱"（深粉色、白色花心）
- 绯红捧花（绯红色）
- "多萝西帕金斯"（玫粉色）
- "埃克塞尔萨"（玫红色、白色花心）
- "弗朗索瓦"（淡粉色）
- "桑德白蔓"（白色）
- "海鸥"（白色）

第二组
品种包括：
- "阿尔伯里克·巴比尔（阿尔贝里克）"（奶油色）
- "艾伯丁"（淡粉色）
- "黑蔷薇"（猩红色）
- "蓝蔓"（紫罗兰色渐变为青灰色）

第三组
品种包括：
- "爱米丽"（淡黄色）
- "菲利普斯"/"幸运"腺梗蔷薇（乳白色）
- "婚礼日"（乳白色）

修剪（第一组）

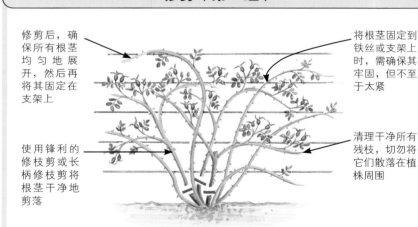

修剪后，确保所有根茎均匀地展开，然后再将其固定在支架上

将根茎固定到铁丝或支架上时，需确保其牢固，但不至于太紧

使用锋利的修枝剪或长柄修枝剪将根茎干净地剪落

清理干净所有残枝，切勿将它们散落在植株周围

秋季，修剪已成熟的植株，将该季节内的所有花茎剪至地面，将同年生长的新茎（下一年的花茎）固定在支架上。如果植株没有长出很多新茎，则保留一些老茎，并将其侧茎缩剪至约 7.5 厘米长。

有时很难整理藤茎，因为它们可能已经长成茂密的灌丛。如果发生这种情况，只需将侧枝缩剪至与主茎相距 7.5 厘米处。

修剪（第二组）

秋季，修剪已成熟的蔓性月季，将花枝缩剪至旺盛的新枝处，也可将1～2根老茎剪至离地面30～38厘米处。这一组蔓性月季的修剪工作很简单，只需在秋季稍微修剪，剪去老茎、枯枝及已开花的侧枝枝梢。

与第一组一样，有时很难整理藤茎。在这种情况下，只需将侧枝缩剪至与主茎相距7.5厘米处。

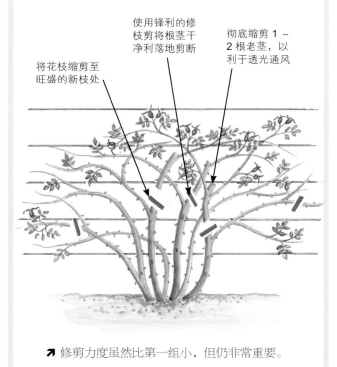

将花枝缩剪至旺盛的新枝处

使用锋利的修枝剪将根茎干净利落地剪断

彻底缩剪1～2根老茎，以利于透光通风

➔ 修剪力度虽然比第一组小，但仍非常重要。

月季花柱的修剪

月季花柱可以在庭院中形成高大的焦点，而且成本相对较低。它们仿佛庭院中的指向标，并且易于造型和修剪。搭建一个由15～20厘米粗的木桩组成的高2.4米的支架，为蔓性月季的根茎提供支撑，防止根茎从侧面掉落。

冬末至春初栽植裸根月季花柱，把长茎固定在木桩上。夏季，侧枝在茎上生长，花期结束后立即将其剪除。冬初，缩剪侧花枝，同时剪除所有弱枝、病枝和细枝。

在接下来的夏季（以及随后的几年），老枝上的侧枝将开花，花期结束后立即剪除这些侧枝。冬初，缩剪其他的侧花枝。

"黑蔷薇"非常适合生长在柱子上或其他木架上，比如这个月季花柱。

修剪（第三组）

本组蔓性月季的成熟植株的修剪工作也很简单，只需在秋季稍微修剪，剪去老茎、枯枝及已开花的侧枝枝梢。

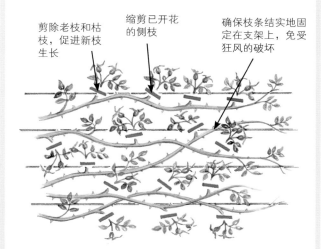

剪除老枝和枯枝，促进新枝生长

缩剪已开花的侧枝

确保枝条结实地固定在支架上，免受狂风的破坏

➔ 虽然这是三组修剪方式中最容易操作的一组，但也是这些不同的蔓性月季生长过程中不可缺少的一步。

苹果

为什么要修剪苹果树?

修剪苹果树的目的是为植株塑形,使其持续多年都能定期结果。无论是灌木、乔木、单干形树、金字塔形树还是棚式果树都需要修剪。当开始栽植一棵新树时,塑造良好的树形可能需要 4 ~ 5 年的时间,修剪苹果树的另一个目的是促进果芽的发育,并调节它们在树枝上的位置和数量。

枝梢结果还是短枝结果?

注解

C = 烹饪型(烹调苹果)
D = 鲜食型(生食苹果)

苹果结出的果实主要有烹饪型和鲜食型两种,少数品种果树能同时结出这两种类型的果实。

- 枝梢结果类型是在梢尖或附近的果芽上结果,以这种方式结果的品种有:"巴斯之美"(D)、"爱尔兰桃"(D)和"伍斯特·皮尔曼"(D)。
- 短枝结果类型在靠近主枝条的短枝上的果芽上结果。以这种方式结果的品种有:"阿什米德·卡尔内尔"(D)、"橘苹"(D)、"发现"(D)、"埃格蒙特赤褐色苹果"(D)、"埃里森的橙子"(D)、"美食家"(D)、"乔治·尼尔"(C)、"金冠"(D)、"掷弹兵"(C)、"豪门奇迹"(C)、"艾达红"(D)、"詹姆斯·格列佛"(D)、"基德橘苹"(D)、"蓝斯亚伯特王子"(C)、"奥尔良的雷内特"(D)、"瑞布斯顿苹果"(D)、"日落"(D)和"泰德曼的晚橙"(D)。
- 同时结出两种类型果实的果树品种有:"绿宝"(C)、"乔治·凯夫"(D)、"海棠金贵族"(C)、"兰蓬王"(D)和"圣埃蒙德赤褐色苹果"(D)。这些品种的修剪方式同短枝结果型。

"橘苹"在短枝结果,因此,修剪可以促进其大量结果枝的生长,这一点非常重要。

这棵苹果树("橘苹")结出了沉甸甸的果实,为了减少枝条受损的风险,以"五月柱"的方式对其进行支撑。

矮砧苹果的栽植

苹果有多种栽植方式,但最简单的方法是矮砧密植。它们的茎长一般 60 ~ 90 厘米,有普通灌木型和矮灌型两种。

- 普通灌木型苹果树的栽种间距为 3.6 ~ 4.5 米,年产量为 27 ~ 54 千克。
- 矮灌型苹果树的栽种间距为 2.4 ~ 4.5 米,年产量为 13.5 ~ 22.5 千克。这些紧凑的灌木型苹果树非常适合在小型庭院里种植。

矮砧苹果的栽植与修剪

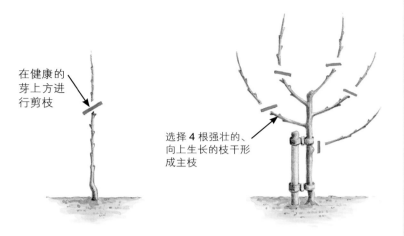

在健康的芽上方进行剪枝

选择 4 根强壮的、向上生长的枝干形成主枝

1 冬末至春初，栽植一年生的裸根植株。这些植株将形成单一的主干。冬季，将普通灌木型苹果树剪至 75 厘米高，矮灌型苹果树剪至 60 厘米高，在健康的芽上方进行剪枝。

2 次年冬季，二年生的灌木型苹果树会有几根向上生长的强壮枝干，选择其中最强壮的 4 根形成主枝，并将其缩剪三分之二，将每根枝条修剪成向外的芽。

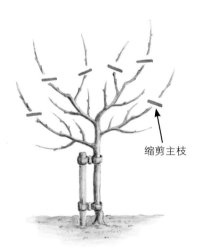

缩剪主枝

3 第三年冬季，三年生的灌木会有许多枝条，有些是之前修剪后枝条的蔓生枝，有些是侧枝。这时需将所有的领导枝缩剪三分之二左右，侧枝缩剪至 3 个芽处。同时，剪除交叉枝和受损的枝条。

4 第四年冬季，灌木会迅速生长，并有若干领导枝和侧枝。这时需将领导枝缩剪三分之一到二分之一，并将侧枝缩剪至约 10 厘米长。同时，剪掉所有枯枝和穿过灌木中心的枝条。

大小年结果品种

有些品种，如"绿宝""布莱尼姆苹果"和"超级兰星顿"等，在无干扰的自然环境下，产量一年多一年少。这种产量不平衡的情况是可以调整的：在丰收的春季之前，将每根枝条上的果芽剪掉二分之一至四分之三，只留下 1 ~ 2 个果芽。注意不要破坏留下的果芽。

成熟灌木的修剪

与塑形期一样，在冬季植株休眠期修剪已成熟灌木，修剪方式取决于灌木是枝梢结果型还是短枝结果型。

- 枝梢结果型：每年必须促进嫩枝的生长。为此，短侧枝不进行修剪，使其顶端形成果芽，几年后将其剪掉；将领导枝缩剪三分之一左右，剪至向上芽的上方，也可将从侧枝长出的嫩枝缩剪至 1 个芽处。

- 短枝结果型：每年必须促进结果枝的生长。将所有侧枝从基部开始缩剪至 3 ~ 4 个芽以上。此外，将上一年修剪的侧枝缩剪至 1 个芽处，并将主枝缩剪至上一年生长的一半。

预留枝

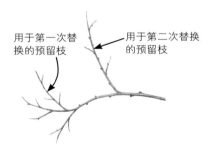

用于第一次替换的预留枝

用于第二次替换的预留枝

每年，果实的重量将枝条压弯，预留枝有助于修复和纠正这种情况。

在树的一生中，果实的重量会不断压弯枝条。因此，每根枝条至少要有一根离枝梢较远的预留枝，一旦其枝梢压得太弯，就可用替换的预留枝。

在冬季修剪时，确保留下一根预留枝，如向上生长并靠近枝梢的嫩枝。当枝条变得弯曲向下时，将其剪至预留枝处，之后，这枝已使用的预留枝也需要保留一根预留枝。

梨

梨的栽植方法和苹果完全一样。但是,梨树的寿命较长,栽植难度稍大。这是因为它们的花期比苹果早,因此花朵更容易受到冻害。鲜食型梨比苹果需要更多的阳光,而且耐旱能力较差。此外,它们的果芽比苹果的果芽更容易吸引鸟类,因此可能需要对它们进行保护。

枝梢结果还是短枝结果?

和苹果一样,有些梨的品种是枝梢结果型,而有些是短枝结果型。对于梨来说,必须将两个相容的品种(同时开花)种植在彼此附近,确保交叉授粉。下文根据花期将品种分为3组,在同一组中至少选择两棵植株种植以确保授粉。此外,下文还注明了每个品种是枝梢结果型还是短枝结果型。

第一组
- 哈代(枝梢结果)鲜食型
- 康佛伦斯(枝梢结果)鲜食型
- 早熟(法国)梨(枝梢结果)鲜食型
- 约瑟芬·德·梅赫伦矮梨(枝梢结果)鲜食型
- 威廉姆斯梨(枝梢结果)鲜食型

第二组
- 茄梨(苛垃梨)(枝梢结果)鲜食型
- 考密斯(枝梢结果)鲜食型
- 高汗梨(戈勒姆)(枝梢结果)鲜食型
- 丰产(枝梢结果)鲜食型
- 皮特马斯顿公爵(枝梢结果)鲜食型和烹饪型
- 冬香梨(枝梢结果)鲜食型

第三组
- 贝尔·格兰德(枝梢结果)鲜食型
- 贝勒·克莱尔高梨(枝梢结果)烹饪型
- "露易士"(枝梢结果)鲜食型
- 玛格丽特·玛丽拉(枝梢结果)鲜食型
- 塞克尔(枝梢结果)鲜食型
- "伟克梨"(枝梢结果)烹饪型

短枝结果型的"皮特马斯顿公爵夫人"既是鲜食品种,又是烹饪品种,因此是家庭种植的理想之选。

枝梢结果型与短枝结果型梨树的修剪

枝梢结果型:稍微修剪,只将长侧枝缩剪至4个芽处。

短枝结果型:在二年生以上的枝条结果。需将新枝缩剪三分之一;侧枝缩剪至3~4个芽处;剪短或剪除生长过密的短枝;剪短穿过梨树中心或相互交叉的主枝。

棚式梨树的栽植与修剪

棚式梨树需要一个坚固的铁丝支架,可以达到固定和塑型的目的。在土壤中安装坚固的立柱,间距为3.6~5.4米。中部可能也需要支撑,铺设多层铁丝,间距为38~45厘米,较低的一层需高出地面38厘米。或者,将铁丝固定在墙上。棚式梨树的初期修剪和塑型也适用于苹果树。

1 冬季,种植一棵裸根的新树,并将其修剪至约38厘米高,刚好高于第一根支撑线。在健康的芽上方进行剪枝,顶部的芽之后会继续向上生长,而两个较低的芽则会形成侧枝。

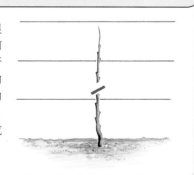

棚式梨树的栽植与修剪（续）

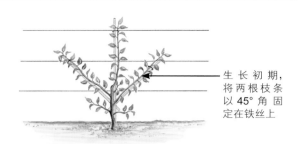

生长初期，将两根枝条以45°角固定在铁丝上

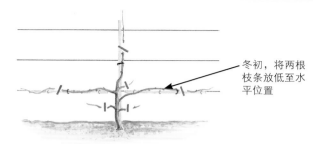

冬初，将两根枝条放低至水平位置

2 在第二年夏季，顶部的3个芽会长出新枝，将垂直的那根固定在直立的杆子上，也要将其固定在铁丝上；将两根枝条分别固定在杆子上，以45°角固定在铁丝上。

3 冬初，小心地将两根枝条降到水平位置，将杆子固定在铁丝上（有时建议将杆子去掉，但对于新手园艺师来说，最好还是不要去掉）；检查茎部是否绑的太紧；将中央的主干剪回至下一层铁丝的上方，稍微剪短健康芽上方的茎；同时将侧枝缩剪三分之一，剪至向下生长的芽处；将在主干基部生长的其他侧枝缩剪至三个芽。

初期以45°角定型下一层的枝条，之后再降低高度

4 夏季，新枝长出。第二层枝条的定型方法与第一层相同，将水平位置上的两根枝条上的小侧枝缩剪至距其基部的3片叶子处。同时将从主干上生长的嫩枝缩剪至3片叶子处。

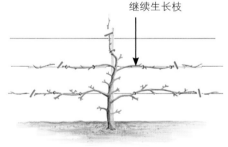

继续生长枝

5 次年冬初，主干继续垂直生长，这时可将其缩剪至下一层铁丝的上方。同时，将水平位置上的枝条的枝梢缩剪三分之一，剪至向下生长的芽处。

长到顶层铁丝时，剪除领导枝

缩剪水平枝条的枝梢

6 当水平位置枝条上方的主茎长到顶层铁丝高度时，剪掉顶层铁丝以上的部分，同时将其枝梢缩剪三分之一。

李子

李子有多种栽植形式，包括扇形、金字塔形和中型树，但最简单的方法是作为灌丛种植。它们不适合作为单干形或棚式果树种植。灌丛一旦成形，几乎不需要修剪，是园艺师的理想选择。

李树一旦成形，几乎不需要修剪，因此是家庭花园的理想之选，无需花费太多时间打理。

冻害

在选择李子品种时，要避免那些早花品种，如"安大略"和"沃里克郡"，因为它们的花很可能被霜冻破坏。种植易受冻害的品种简直是在浪费空间。

疏果与支撑

李树在某些季节产量增加，这会导致枝条断裂。为了解决这个问题，可以进行疏果。当它们与子一样大果核已经形成的时候，只需摘下一些果实就可以了。

之后，当果实大小约为其子的两倍时，再重复这种疏果方式；单个果实之间的距离约为 5 ~ 6 厘米。

如果随着采摘时间的临近和果实的成熟，枝条开始因重力向下弯曲。这时就需要用结实、顶部分叉的高大立柱对植株进行支撑，这些立柱应嵌入土壤中。

灌木李树的栽植与修剪

在李树的休眠期栽植，最佳时间为冬末或春初。李树的生长始于春季早期，不能在树液开始上升、花芽生长之前进行修剪。而在冬季李树处于休眠期时修剪，有感染银叶病的风险。

牢牢地将树木用固定桩立好；最好的办法是在植株定型前将固定桩嵌入土壤中，这样可以避免损坏树根。固定桩应高于土壤约 75 厘米。

修剪至向外生长的芽上方

剪除底部的侧枝

1 栽植一棵二年生的植株，用绑枝带固定在固定桩上。春初，当芽开始生长时，将主干剪至健康的侧枝上方，约 90 厘米高。主干下方应该有三个强壮的嫩枝，将生长成侧枝，需将它们缩剪二分之一到三分之一，剪至向外生长的芽上方。

灌木李树的栽植与修剪（续）

2 次年春初，灌木会有相当可观的长势。这时需将所有新枝缩剪一半左右，正好剪至一个向外生长的芽处。同时，剪除新枝基部生长的所有其他枝条，还要剪除从树干和最低的主要分枝以下长出来的嫩枝。

缩剪新枝

确保树干牢牢地固定在固定桩上

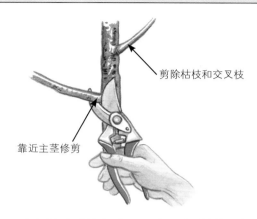

剪除枯枝和交叉枝

靠近主茎修剪

3 次年及以后的春季，几乎不需要修剪。但是，在夏季需剪除交叉枝和枯枝。当灌木生长过密时，需在夏季进行疏剪，以避免过度拥挤，还要剪除生长在灌木基部的徒长枝，最好是直接折掉它们，而不是用修枝剪剪除，这样就可以减少徒长枝的生长概率。

中型李树的培植

在不考虑空间的情况下，将李树作为中型树栽植，树的间距为 6 ～ 7.5 米。这样每棵树的年产果量约 13.5 ～ 27 千克。在一个好的季节里，李树灌丛的产量可达 22.5 千克。

与灌型李树相比，中型李树周围的杂草更容易清理，因为它们的树干约 1.3 米高，但要注意不要损坏低矮的枝条。

搭建 H 形支架

定期检查绑枝带是否牢固且不太紧

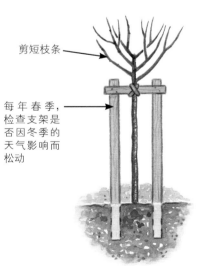

剪短枝条

每年春季，检查支架是否因冬季的天气影响而松动

1 在冬末至春初种植二年生的植株，并将茎部固定在 H 形框架上。早春，一旦枝芽开始生长，就将茎干剪至约 1.3 米高。同时，将侧枝剪短至 7.5 厘米长，稍后，剪除这些侧枝，最初它们对促进植株的生长是有益的。

2 在接下来的春初，选择几个间隔合适的枝条，并将其缩剪一半，这些枝条将形成树的主要分枝。同时，完全剪掉所有其他的包括树干下部的枝条。

3 次年春季，将形成主要支架的枝条剪短一半左右。在之后的几年，只需剪掉交叉枝和枯枝，以及折掉基部长出的徒长枝。

桃和油桃

桃与油桃的修剪方式一样吗?

这两种水果有着密切的关系：表面光滑的油桃是普通桃的一种。油桃的个头稍小，通常味道更甜。它们的修剪方式相同，但油桃的耐寒性较差，在寒冷的地区通常会生长成扇形，需种在温暖有遮蔽的墙边。然而，它们也可作为灌木种植，无需太多修剪，但通常需要更大的空间。

结果

桃和油桃都是在上一季生长的枝条上结出果实。这意味着每年都必须促进新枝生长，以取代上一季的结果枝。

这些多汁的水果有三种不同类型的芽：花芽（果芽）丰满，能结出果实；而叶芽则是尖的，能长出嫩枝；还有混合芽，即中央有一个花芽，两边有一个叶芽。

为了促进芽的生长，必须对叶芽进行修剪。但是，当没有叶芽时，应修剪混合芽。

只适合炎热气候吗?

桃和油桃并不只适合在温暖的地方种植，虽然种在温带地区，也最好在阳光充足的地方靠着避风的墙种植。

"罗彻斯特"是一种很好的常见品种的桃，果实可在夏末早期或中期采摘。

桃树和油桃的扇形栽植与修剪

虽然可以买到部分扇形的果树，但也可自己培植。在冬末春初之时，在离墙约 20 ~ 23 厘米处栽植二年生的桃树或油桃（靠墙处的土壤在夏季会很快变干）。在距离墙 7.5 ~ 10 厘米处安装几层支撑线，间距约 23 厘米，最低的铁丝需高出土壤约 38 厘米。

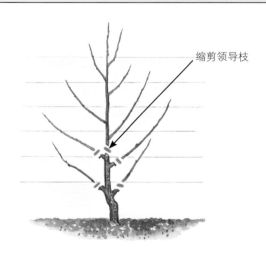

缩剪领导枝

1 冬末，将主干剪至离地面约 60 厘米，略高于健康的叶芽。此外，将所有的侧枝缩剪至其基部的 1 个芽处。

保留三根主要分枝，剪除其他枝条

2 夏初，枝条长成。除了顶部的一根和另外两根较低的枝条（最好是相对的），其余的全部剪除。正是这些下部的枝条将逐渐形成扇形的主分枝和侧分枝。

桃树和油桃的扇形栽植与修剪（续）

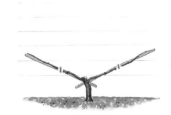

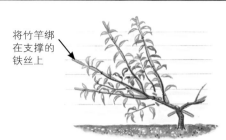

将竹竿绑在支撑的铁丝上

3 在夏季中期，将两根枝条上方的中心茎剪掉，并将两根枝条绑在两根竹竿上，将竹竿绑在铁丝上，保持45°左右的角度。

4 来年早春，刚开始生长时，将两根枝条分别缩剪至1个叶芽处或混合芽处，距离中心主茎30～45厘米。

5 夏季，在每根分枝上选择四根嫩枝，第一根嫩枝将继续生长；分枝顶部一侧的两根和底部的一根嫩枝将长出更多的分枝，然后剪掉所有其他嫩枝，留下1片叶子的位置。最后将这些分枝分别固定在竹竿上。

将分枝剪至向下生长的叶芽处

枝条渐渐生长茂盛

将每根枝条都绑在竹竿上

6 来年冬末，将每根分枝上的枝条缩剪至上一年的三分之一左右，将每根分枝剪至向下生长的叶芽处。

7 来年夏季，让"手臂"分枝的枝梢继续生长，并让每根分枝上生长三个新的侧枝。然后将新的侧枝绑在竹竿上，这些新枝在分枝的上下两侧应间隔10厘米左右。

8 夏末，年初选取的侧枝将长到38～45厘米，掐掉每根枝条的枝梢，并将它们绑在竹竿上，这些枝条将在来年结果。

9 在接下来的春末及随后的几年，完全剪除朝外或远离墙壁生长的枝条。如果它们的基部有花芽，则将这些枝条剪至2片叶子的位置。上一年生长的嫩枝会在当季结果，到了夏初，它们会和当季嫩枝一同开花。在每根嫩枝的基部，选择一根侧枝（以后会形成预留枝），在中间选择另一根侧枝（将作为后备预留枝），在顶端选择一根可以继续生长的侧枝，将剩余的枝条修剪至距其基部2片叶子处。之后，当预留枝（和后备预留枝）长到38～45厘米时，将它们的叶芽掐掉；采果后，将结果的侧枝缩剪至预留枝处。但是，如果预留枝已经受损或者失去活力，则剪至备用预留枝处。未来几年，重复修剪，努力促进每年枝的生长，以便在下一年结果。

疏果

如果产果过多，疏果是必不可少的。当它们像大豌豆大小时开始疏果，达到核桃大小时停止疏果。扇形桃树（最后一次疏果后）的留果间距为23厘米，扇形油桃为15厘米。对于灌木型的果树，可让留果间距稍近一些。

树莓

应该如何修剪树莓?

这些夏季流行的水果有两种类型：夏果型树莓在夏季中期结果，并持续到夏末早期；而秋果型树莓则在夏末后半期至秋季初霜期之间结果。这两种类型都需要不同的修剪技术。然而，它们都需要支撑，通常是在坚固的立柱之间拉上层层铁丝，并由北向南整齐排列。

栽植与修剪

在冬末或早春种植裸根树莓藤。在天气和土壤适宜的情况下，盆栽型树莓可以随时种植。普通种植的深度应略深于盆栽种植，这适用于夏果和秋果型树莓，将果藤以 38～45 厘米的间距种植。

夏果型树莓易于生长，修剪简单。

秋果型树莓

秋果型树莓在同一季节长出的嫩枝上结果，修剪非常简单。冬末，将所有果藤剪至离地面 5 厘米以内，促进幼藤的生长和结果。

夏果型树莓的修剪

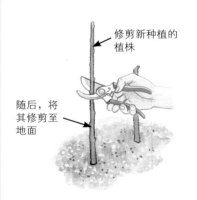

修剪新种植的植株

随后，将其修剪至地面

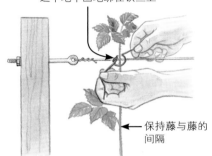

用柔软的绳子将果藤松紧适中地牢固地绑在铁丝上

保持藤与藤的间隔

1 种植后立即将所有果藤修剪至 23～30 厘米高。春季，植株幼藤开始生长，并在第二年结果；将种植时保留的 23～30 厘米高的果藤剪至地面；无需修剪新长出的果藤。

2 随着果藤的生长，将其绑在铁丝上。次年冬末，剪去铁丝上方约 15 厘米的果藤顶端部分，这些果藤将在同年结果。

保持幼藤的间隔

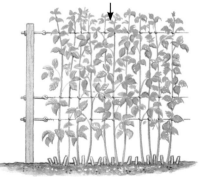

剪除藤尖

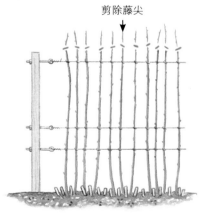

3 采果后，将所有结果的藤剪至地面。此外，将所有新藤以一定间隔绑在铁丝上，这些新藤将在次年结果。

4 之后的每一年，需在冬末将所有果藤的顶部剪至高于顶线 15 厘米处。然后，在采果后，将所有的结果藤剪至地面，并将新藤绑在铁丝上。

黑莓、杂交浆果、罗甘莓

人工栽培的黑莓比它们的近亲野生黑莓更加饱满鲜甜。杂交浆果主要是黑莓和树莓之间的杂交品种，包括泰莓、伯（波）森莓和露莓，但大多数不如黑莓的生命力旺盛。据说罗甘莓起源于北美，J.H. 洛根发现了树莓和黑莓之间的杂交种。黑莓、杂交浆果、罗甘莓这三类浆果都在藤上结果。

树莓需要每年都修剪吗？

栽植

冬初或春初种植裸根黑莓、杂交浆果和罗甘莓果藤。在天气和土壤适宜时，随时都可种植盆栽型浆果，种植深度要比普通植物稍深。

将果藤间距 1.8 ～ 3 米，排成畦，畦与畦的间距为 1.8 米；安装支架，在立柱之间架设分层的铁丝；将铁丝安装在地面上方 90 厘米、1.2 米、1.5 米和 1.8 米处。

黑莓、杂交浆果、罗甘莓的修剪

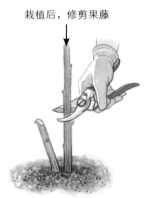

栽植后，修剪果藤

1 栽种后，立即将所有果藤剪短至距地面约 23 厘米，即稍微修剪健壮的芽上方的藤茎。每年，植株会长出新藤，因此，每年都会有正在结果的藤，以及在来年会结果的新藤。修剪时一定要戴上手套，因为大部分藤都是有刺的。

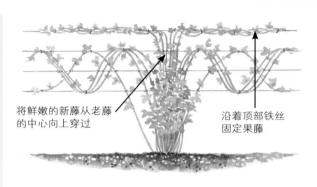

将鲜嫩的新藤从老藤的中心向上穿过

沿着顶部铁丝固定果藤

3 第二年，将新藤穿过植株中心，使其沿顶部铁丝向上生长。秋季，采果后，将该季的结果藤全部剪至基部。

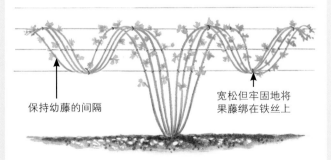

保持幼藤的间隔

宽松但牢固地将果藤绑在铁丝上

2 在第一个夏季，幼藤从植株的基部长出，这些幼藤将在次年结果。在这个阶段，所需要做的就是沿着铁丝"编织"藤，将其定型。但是，在这个阶段要保证顶部的铁丝不被果藤缠绕。

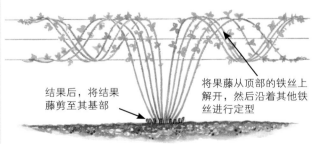

结果后，将结果藤剪至其基部

将果藤从顶部的铁丝上解开，然后沿着其他铁丝进行定型

4 剪除果藤后，立即将新果藤从顶部的铁丝上解开，并将它们分别固定到其他铁丝上，将顶部的铁丝留给来年生长的幼藤。未来只需要重复这个修剪顺序：剪掉结果藤，同时将同季生长的幼藤展开并固定好。

黑加仑

黑加仑如何修剪?

黑加仑是一种常见的水果,因为它易于生长和修剪,其植株最终会长成大型灌木。它的根茎直接从土壤水平生长或靠近植株基部生长,这种生长方式被称为"疏枝"(详阅第9页),而修剪成熟植株则需将已结过果实的老枝缩剪至基部,且应在采果后立即进行,可以促进新的结果枝的生长。

黑加仑相对来说比较容易修剪,修剪工作应在采果后立即进行。

栽植与修剪

裸根植株应在冬末至春初之间或春初的休眠期种植。

盆栽型黑加仑可在天气和土壤允许的情况下随时种植,灌丛之间的间距约为1.5米,灌丛不宜过密。

翻新修剪

当疏于打理时,灌木就会变成一团纠缠不清的枝干,结出的果实量少且劣质。这时需挖出并更换较老的植株;但如果只是3~4年没有打理,则可以在夏末或秋初将所有的茎修剪至其基部,这意味着植株在下一季将不会结果。在随后的几年中,需剪除所有的结果枝。此外,春季需在灌木周围撒上普通肥料,以促进生长;用水彻底浸透土壤,并持续数月保持其湿润。

裸根灌木的修剪

1 在休眠期种植裸根灌木,种植深度要比之前稍深,茎上可以看到之前的土壤水平标记,夯实根部及其周围的土壤,并立即将所有茎部修剪至高出土壤约2.5厘米。

栽植后

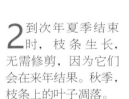

下一季

2 到次年夏季结束时,枝条生长,无需修剪,因为它们会在来年结果。秋季,枝条上的叶子凋落。

结果后

3 次年采果后,用修枝剪将所有结果枝剪至基部。同时,剪除受损和交叉的枝条。未来可用同样的方法修剪。

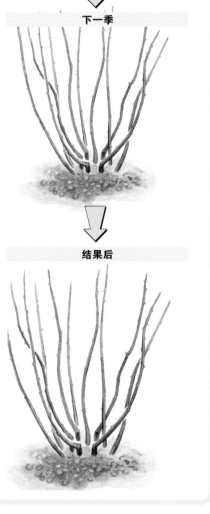

红醋栗与白醋栗

　　红醋栗和白醋栗在老枝生长的短刺上结果，也会在前一年长出的新枝的基部结出一簇簇果实。这类醋栗通常以灌木的形式生长，每株灌木都有一根长约 15 ~ 20 厘米短小主干（"短腿"），连接着枝条的框架和根部。有时，它们也会被种植成单干形树，靠着坚固的固定桩或铁丝支架生长。

灌木型醋栗的栽植与修剪

　　这是红醋栗和白醋栗最简单的种植方法，无需立柱和支撑线。在冬末春初种植裸根植株；只要土壤和天气允许，可以随时种植盆栽型醋栗。灌木的种植间距约为 1.5 米。

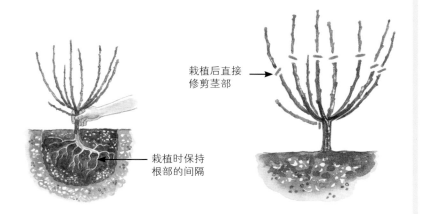

栽植后直接修剪茎部

栽植时保持根部的间隔

1 栽植二至三年生的灌木，保持植坑根部的间隔，栽植的深度要比之前稍深，茎上可以看到之前的土壤水平标记，并夯实根部的土壤。

2 栽植后，立即将主要枝条缩剪一半，这种初期修剪能促进其健壮生长。同时将侧枝缩剪至主枝处，上图是一棵三年生的灌木。

单干形红醋栗的栽植与修剪

　　步骤 1：冬季，将裸根、一年生的植株种成一排，间距为 38 厘米。种植后，立即将中心枝条剪短一半，并将侧枝剪至距其基部 1 个芽的位置；彻底剪除距离地面 10 厘米以内的侧枝；对每一棵植株进行立柱支撑。

　　步骤 2：在仲夏初期，将当季的侧枝缩剪至距其基部 4 ~ 5 片叶子处。在这个阶段，无需修剪中心茎的顶部，但要确保对它进行牢固的支撑。

　　步骤 3：在接下来的冬季，将中心的领导枝缩剪至新芽处，保留约 15 厘米的新枝；同时缩剪在夏季中期修剪的侧枝，留下 2.5 厘米的新枝。在之后的几年里，缩剪领导枝，保留 2.5 厘米的新枝。

　　步骤 4：在接下来及以后所有的夏季，将领导枝的修剪留到冬季，但在夏季需剪短侧枝，保留 4 ~ 5 片叶子的新枝；继续将领导枝固定在固定桩上。

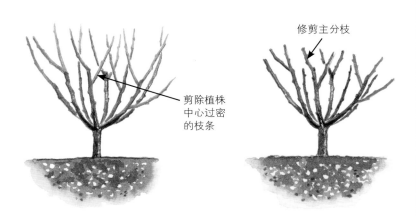

剪除植株中心过密的枝条

修剪主分枝

3 次年冬季，剪除穿过植株中心的枝条。同时，剪除不需要长成主枝的侧枝，还要将主分枝缩剪一半左右。

4 在接下来的几年里，只需将主分枝剪短约 2.5 厘米；剪除侧枝，以形成新的短枝，并剪去生长过密的老枝。

鹅莓

与红醋栗和白醋栗类似,鹅莓必须生长在一根长约 15 ~ 20 厘米短小主干("短腿")上,此主干连接着枝条的框架和根部,其果实长在一年生灌木和老枝的短枝上。初期修剪会形成一个坚固的永久性枝条框架,之后则可继续生长结果短枝。鹅莓也可作为单干形树种植。

鹅莓的栽植与修剪

一般在冬末或春初种植裸根鹅莓植株;而只要土壤和天气允许,可以随时种植盆栽型鹅莓。灌木的间距为 1.2 ~ 1.5 米。

缩剪嫩枝

1 在休眠期种植一年生的鹅莓灌木。首先挖一个足够大的植坑以容纳植株根部,植株的种植深度比之前略深,茎上的暗记可以显示出之前的深度;在根部和周围均匀地铺上土壤并夯实。栽种后,立即将每根主枝缩剪一半左右,剪至一个向上生长的幼芽处。

2 次年冬末或春初,灌木就会形成一个坚固的框架。将当年生长的所有枝条缩剪一半左右,剪至向上生长的幼芽处。同时剪除徒长枝和低矮的茎。

修剪侧枝

4 夏初后半期,将该季生长的侧枝修剪至 5 片叶子处。在这个阶段,无需修剪延长枝。随后在冬季,将延长枝缩剪一半,将所有侧枝剪至距其基部 2 个芽处。以后在夏季和冬季,重复这种修剪方法。

缩剪枝条

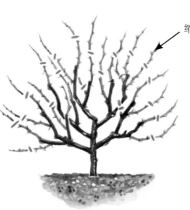

3 到下一生长季结束时,灌木会长出更多的枝条。这时需将该生长季长出的枝条缩剪一半,并剪除灌木中心生长过密的枝条。同时将非框架性的侧枝缩剪至约 5 厘米长。

疏果

夏初,可以通过疏果来控制鲜食型鹅莓的大小,即每隔一个浆果就掐掉一个。摘下的浆果可以装瓶储存或做甜点。

无花果

无花果在大约 2000 年前就受到了罗马人的青睐，并被他们广泛种植。这种多汁的水果在亚热带地区生长旺盛；在温带气候下也生长良好，尤其是作为扇形树种植在温暖、阳光充足的墙边。无花果的果实在上一季长成的果枝枝梢上结出，在夏末至秋季中期成熟。种植和养护无花果时需要注意，抑制植株根部生长是非常必要的。

无花果树要靠墙种植吗？

栽植与修剪

在冬末或春初种植盆栽型无花果，靠墙种植，间距为 3.6 ～ 4.5 米。必须抑制无花果的根部生长，以防止植株过度生长而影响果实的生长。挖一个约 90 厘米见方的种植坑，作为种植位置；用铺路板或砖块铺在坑里，并用 23 厘米的干净砾石填满坑底；用土壤、小块碎石和少量骨粉的混合物将坑填满洞口。

另一种方法是将 38 ～ 45 厘米宽的花盆嵌入地下，花盆上部边缘略高于周围的土壤。

常见的"布朗土耳其"无花果可在夏末到秋初采摘。

无花果的栽植与修剪

1 冬季，将一棵二年生的无花果栽种在种植坑中，距墙 15 ～ 20 厘米。将植株从盆栽中取出，并将其种植在比之前深 10 厘米的位置，将根部及其周围的土壤夯实；从离地面 45 厘米处开始至墙顶架设置多层间距为 23 厘米的铁丝；春季，将中央主茎剪至最底层铁丝的上方，且在侧枝上方；在植株的每一侧选择两根枝条，作为主要分枝，并将它们分别绑在与铁丝呈 45° 固定的竹竿上；同时将两根分枝缩剪至距中央主茎约 45 厘米的幼芽处，并剪除其他所有枝。

2 接下来的夏季，两根分枝各长出四根嫩枝。在每根分枝上，一根嫩枝作为延长枝生长，另一根嫩枝在下边，两根嫩枝在上边；将分枝上长出的其他枝条全部剪除，并将这八根嫩枝固定在竹竿上，分枝则固定在铁丝上。

3 第二年的冬末，用锋利的修枝剪将每根主枝剪短。将它们剪至略高于芽的位置，使其沿所需方向继续生长，并形成一个扇形；保留大约 60 厘米的上一季生长的枝条。接下来的夏季，剪除不需要的芽，因为这些芽会生长过密，造成拥挤，不利于通风透光。

4 树的框架形成后，春夏两季需进行定期修剪。春季，剪除受冻害和病害的枝条，以及所有向墙内或向墙外生长的枝条；同时将嫩枝疏剪至距其基部 1 个芽以上的位置；夏初，将嫩枝剪至距其基部 5 片叶子处，这些嫩枝会生长成下一年的结果枝。

葡萄藤

葡萄能在温带气候下良好生长吗?

葡萄已经有几千年的种植历史了，葡萄种植和葡萄酒酿造的传播也带动着不同地区人类文明的交往。在过去的 50 年里，人们在培育适应各种不同气候条件的新品种葡萄方面取得了很大的进展。一定要购买专门针对自己所在地区的气候的葡萄品种。葡萄的修剪相对简单，只需促进新藤和结果短枝之间的平衡生长。

如何栽植葡萄?

种植葡萄藤的方法有很多，但"单高登"法是最简单、最容易操作的。靠着温暖的墙壁，在离墙约 10 ～ 13 厘米处在立柱之间架设数层 10 号镀锌线，镀锌线的间距为 30 厘米；最底层的镀锌线需高于地面 45 厘米，顶部的镀锌线约 2.1 米高。

坚固的铁丝支架对种植葡萄藤来说是必不可少的。

葡萄的栽植与修剪

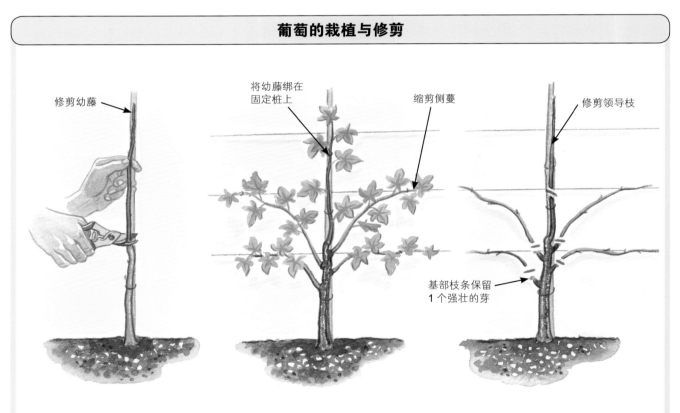

修剪幼藤

将幼藤绑在固定桩上

缩剪侧蔓

修剪领导枝

基部枝条保留 1 个强壮的芽

1 冬末春初栽植裸根葡萄藤，植株间距为 1.5 米，排成畦。栽种后，立即将主蔓剪短至高出地面 50 ～ 60 厘米，略高于健壮的芽；将其他所有的藤修剪至距其基部 1 个芽处；将幼藤绑在固定桩和铁丝上。

2 接下来的夏季，新藤将从固定桩的顶部以及下部的枝芽长出。将中心主蔓直立绑在固定桩上；夏季中期，用锋利的修枝剪将侧蔓（源于中心茎侧面的枝芽）剪至 5 ～ 6 片叶子以上处，也将所有这些从侧蔓生长的幼藤缩剪至 1 片叶子处，并剪除中心茎基部生长的幼藤。

3 接下来的冬季，将主蔓缩剪至前一年生长的三分之一处。 此外，缩剪所有侧蔓，只在前一年夏季长成的侧蔓基部留下 1 个强壮的芽，这些芽将长成新枝。

葡萄的栽植与修剪（续）

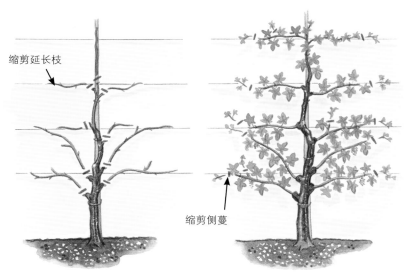

修剪侧蔓

缩剪延长枝

缩剪侧蔓

4 次年夏季，当侧蔓已长出 10 片叶子左右时，将其剪至距其基部 5～6 片叶子处，将副侧蔓剪至距其基部 1 片叶子处。为了保存植株的养分，剪掉可能在侧蔓生长的果穗。

5 冬季初期至中期，将延长枝缩剪至前一年夏季生长的三分之一处。另外，剪除侧蔓，仅留下新枝的 1 个幼芽。

6 次年夏季，将长有果穗的侧蔓剪至果丛以上的 2 片叶子处，不结果的侧蔓应修剪至 5～6 片叶子以上处，还要将侧蔓上的嫩枝修剪至 1 片叶子处。

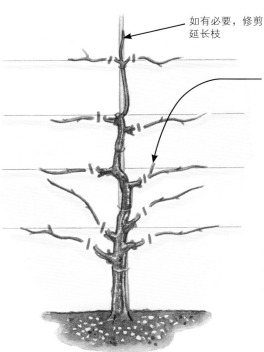

如有必要，修剪延长枝

修剪侧蔓

7 冬季初期至中期，修剪侧蔓，将其缩剪至前一年枝条上的 1 个强壮的幼芽处。如果延长枝还没长到顶端铁丝的高度，则将其缩剪至前一年生长的三分之一处；当延长枝长到顶端铁丝高度时，将其剪短，只留下 2 个新的枝芽。

葡萄的疏果

为了使葡萄能够长到正常的大小，当果实开始膨大时，应尽快进行疏果。在几周内，用一把长而尖的剪刀将小果子剪掉。疏果除了能给葡萄更多的生长空间外，还有助于确保果实周围的空气流通，防止植株感染病害、生长衰弱。

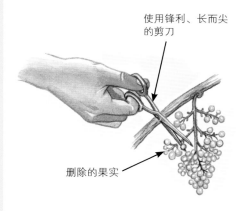

使用锋利、长而尖的剪刀

删除的果实

8 之后几年，修剪的目的是促近幼嫩侧蔓的生长，以助于结果。夏季和冬季都要对侧蔓和副侧蔓进行修剪，参考步骤 6 和 7。

如果未按时疏果，结果质量会下降。注意不要损坏剩余的果实。

书名：花果满园——家庭庭院植物栽培与养护

作者：[日] 主妇之友社

书号：ISBN：978-7-5170-7465-6

定价：49.90

　　本书向大家介绍适宜栽种在庭院、花坛和花盆中，并且能够给我们的生活增添乐趣的花草树木。其中包括植物的分类、特征和栽培要领，同时还奉上必读园艺小常识，帮助你轻松打理庭院的绿植。

书名：有机花园：家庭庭院设计风格与建造

作者：[日] 曳地 Toshi，曳地义治 著

书号：ISBN 978-7-5170-7597-4

定价：49.90

　　打造自然生态庭院，不只是让家的某个角落充满绿意，更要亲近土地、接触植物、聆听小鸟的声音、欣赏蝴蝶，让每天都过着忙碌生活的我们归于平静。

　　本书以友善生态环境为宗旨，为读者们收录了打造有机自然生态庭院的基础概况、实际案例参考，并且介绍了一般庭院常见的树木、花草、昆虫，为您分析它们的优缺点，以及必要时候的驱除手段。当然，除了种植花草树木之外，还可以规划一个区域，亲手栽种有机蔬菜。若是将架高的花坛用来种菜，还可省去弯腰除草之苦。